集成电路科学与工程丛书

半导体干法刻蚀技术
（原书第2版）

[日] 野尻一男　著

王文武　许恒宇　王盛凯　李俊杰

万彩萍　徐　杨　王嘉义　尤楠楠　译

机械工业出版社

本书是一本全面系统的干法刻蚀技术论著。针对干法刻蚀技术，在内容上涵盖了从基础知识到最新技术，使初学者能够了解干法刻蚀的机理，而无需复杂的数值公式或方程。本书不仅介绍了半导体器件中所涉及材料的刻蚀工艺，而且对每种材料的关键刻蚀参数、对应的等离子体源和刻蚀气体化学物质进行了详细解释。本书讨论了具体器件制造流程中涉及的干法刻蚀技术，介绍了半导体厂商实际使用的刻蚀设备的类型和等离子体产生机理，例如电容耦合型等离子体、磁控反应离子刻蚀、电子回旋共振等离子体和电感耦合型等离子体，并介绍了原子层沉积等新型刻蚀技术。

KAITEIBAN HAJIMETE NO HANDOTAI DRY ETCHING GIJUTSU

by Kazuo Nojiri

Copyright © Kazuo Nojiri 2020

Simplified Chinese translation copyright ©2024 by China Machine Press

All rights reserved.

Original Japanese language edition published by Gijutsu-Hyoron Co., Ltd.

Simplified Chinese translation rights arranged with Gijutsu-Hyoron Co., Ltd.

through Lanka Creative Partners Co., Ltd.（Japan）and Shanghai To-Asia Culture Co., Ltd.(China).

本书中文简体字版由 Gijutsu-Hyoron Co., Ltd. 授权机械工业出版社出版，未经出版者书面允许，本书的任何部分不得以任何方式复制或抄袭。

北京市版权局著作权合同登记　图字：01-2022-6350 号。

图书在版编目（CIP）数据

半导体干法刻蚀技术：原书第 2 版 /（日）野尻一男著；王文武等译 . —北京：机械工业出版社，2024.1（2024.6 重印）

（集成电路科学与工程丛书）

ISBN 978-7-111-74202-9

Ⅰ.①半… Ⅱ.①野…②王… Ⅲ.①半导体技术—干法刻蚀 Ⅳ.① TN305.7

中国国家版本馆 CIP 数据核字（2023）第 217115 号

机械工业出版社（北京市百万庄大街 22 号　邮政编码 100037）

策划编辑：刘星宁　　　　　　责任编辑：刘星宁　间洪庆

责任校对：王荣庆　李小宝　　封面设计：马精明

责任印制：单爱军

北京虎彩文化传播有限公司印刷

2024 年 6 月第 1 版第 2 次印刷

184mm×240mm·10.75 印张·132 千字

标准书号：ISBN 978-7-111-74202-9

定价：89.00 元

电话服务　　　　　　　网络服务

客服电话：010-88361066　机 工 官 网：www.cmpbook.com

　　　　　010-88379833　机 工 官 博：weibo.com/cmp1952

　　　　　010-68326294　金 书 网：www.golden-book.com

封底无防伪标均为盗版　机工教育服务网：www.cmpedu.com

译者序

　　为了进一步满足国内半导体技术和产业的发展需求，引进并翻译国外权威书籍一直是非常有意义的事。本次应机械工业出版社的邀请，我们很荣幸能够承担本书的翻译工作。本书是干法刻蚀领域国际权威专家野尻一男的精华之作，与其他出版物有所不同，本书采用独特的方法帮助读者理解干法刻蚀的基础知识及其应用。它避免了繁琐的数学方程，旨在使干法刻蚀机理易于理解。本书的结构使读者能够系统地了解刻蚀过程本身，然后深入了解设备和新技术。特别地，本书专门讨论了等离子体损伤问题并加入了原子层刻蚀等前沿技术，并全面介绍了相关主题。我们相信本书将成为从事干法刻蚀开发的工程师、科研人员以及相关专业大学生的重要参考书。通过本书的阅读可以帮助读者建立对干法刻蚀技术的深入理解，从而提升在这一领域的技术能力和实践经验。

　　干法刻蚀技术在半导体工艺中扮演着与光刻技术媲美的关键角色，它涉及针对不同材料采用特定设备和工艺技术，以及不断发展的新技术，是实现半导体器件缩小和提高集成水平的必备手段。干法刻蚀过程中带电粒子引起的等离子体损伤直接影响器件的良率，因此了解其机理和解决方案至关重要。此外，干法刻蚀技术在图形化技术方面具有重要意义，因为它对尺寸精度和均匀性起着决定性的作用。在延展摩尔定律、超越摩尔定律、超越 CMOS 的时代背景下，干法刻蚀技术也在向着原子级精准、大尺寸均匀、极低损伤的方向不断演进和发展，以满足在材料和结构的加工方面日益提高的要求，因此需要工程师们对干法刻蚀技术有更深入的了解。

干法刻蚀技术的本质是由物理化学反应驱动的过程，它涉及发生于刻蚀室内的复杂现象，因此需要全面的电学、物理学和化学知识。由于国内在这方面的专业书籍仍较为欠缺，干法刻蚀工程师们常常是在没有充分理解的情况下投入工作的，所以在接到某种特定结构或材料的刻蚀需求时，在刻蚀气体选择、刻蚀条件优化、刻蚀机型确定等方面多是基于经验的判断甚至是直觉，这显然存在知识的局限性。

作为译者，由于时间仓促以及知识的局限性，在翻译过程中可能存在一些错误，敬请各位读者朋友耐心指正。

尊敬的读者，无论您是刚刚接触干法刻蚀技术还是希望进一步提升专业知识，我们都坚信本书将成为您不可多得的学习和参考资料。它将揭示干法刻蚀技术的奥秘，为您的工作和研究带来巨大的价值和启发，引领您在这个快速发展的领域中取得更大的成功。

王文武

第 2 版前言

《半导体干法刻蚀技术》自 2012 年出版第 1 版以来，作为指导一线工作人员的书籍，以及作为企业、大学的教科书，已被广为阅读。在此期间，半导体技术尺寸微缩和集成度提升的发展步伐从未停止，一代代的新技术层出不穷。逻辑器件的特征尺寸已小于 10nm，这就需要原子级的工艺控制技术。目前，原子层刻蚀作为干法刻蚀技术已处于实用化阶段。闪存技术已转到以 3D NAND 为代表的三维结构，96 层的 3D NAND 已经量产。这里就需要用到深宽比为 60 以上的深孔刻蚀技术。此外，第 1 版中介绍的双重图形化技术已经得到进一步发展，可以制备 10nm 以下图形的自对准四重图形化（SAQP）技术已经在批量生产中使用。在此背景下，我们决定出版增加了最新技术信息的第 2 版，以满足从事半导体最前沿技术开发和制造的读者需求。

本次修订包含了上述新技术，也就是现在最热门的话题：1）原子层刻蚀；2）面向 3D NAND 的高深宽比孔刻蚀；3）新增 SAQP 技术的同时，对现有技术的进步也进行了部分修改，例如提高晶圆面内的尺寸均匀性和腔体内壁对工艺的影响等。此外，在等离子体损伤方面，增加了栅氧化膜击穿机理以及温度对栅氧化膜击穿的影响等，可以让读者更加深入地了解这些现象。在编写第 2 版时，我们没有改变第 1 版时的想法，就是让初学者在不使用复杂公式的情况下，更容易理解干法刻蚀的机理。

本书旨在帮助读者系统地理解干法刻蚀从基础、设备到最前沿应用技术的方方面面，同时也尽可能提供贴近实践的相关知识。第 2 版融合了最新技术，希望能够成为从事干法刻蚀相关工作的工程师们开展工作的指南。

野尻一男

第 1 版前言

干法刻蚀技术作为实现半导体器件尺寸微缩、集成度提升的手段，是与光刻技术相媲美的关键技术，从事干法刻蚀的工程师数量也与光刻技术一样多。光刻技术比较容易理解，分辨率是由光的波长和 NA（数值孔径）决定的。但是，干法刻蚀技术因在腔体内发生的现象比较复杂，因而不太容易理解。此外，由于使用等离子体通过物理和化学反应来进行刻蚀，因此需要全面的电学、物理学和化学知识。在许多情况下，从事干法刻蚀的工程师依靠经验和直觉来开展工作。各向异性刻蚀是如何实现的？为何 Si 刻蚀使用 Cl_2 和 HBr？SiO_2 刻蚀中能使用 CF 系气体吗？多晶硅和 Al 刻蚀中可以使用 ICP（电感耦合型等离子体）等高密度等离子体，SiO_2 刻蚀中可以使用具有中密度等离子体的窄间隙平行板型刻蚀机吗？很多初学者在没有完全理解这些相关知识的情况下就进入到该领域，即使是经验丰富的干法刻蚀工程师也存在不能完全理解的情况。

干法刻蚀往往隐匿于光刻之后，但正如开篇所说，它是可与光刻技术形成双壁的关键技术。也就是说，1）Si、SiO_2、金属等各种材料都有其固有的设备和工艺技术；2）Cu 大马士革布线加工、新材料加工等新研究领域层出不穷；3）使用带电粒子造成的等离子体损伤是导致器件性能下降的主要原因，需要阐明机理并采取对策；4）目前，对于已成为研究热点的双重图形化，干法刻蚀变得比光刻更为重要，它可以决定器件的尺寸精度和偏差。对于今后想从事与如此广泛的材料相关并在未来变得越来越复杂的加工技术的工程师来说，应该对干法刻蚀技术有充分的了解，这就需要一本面向初学者的教科书。

　　与以往的书籍不同，本书采用独特的方法，旨在帮助初学者了解干法刻蚀技术从基础到应用的全部知识。迄今为止，大多数干法刻蚀书籍都在着重强调难懂的等离子体理论，或是在罗列干法刻蚀技术的数据。本书的编写尽可能做到不使用数学公式也能让初学者轻松理解干法刻蚀的机理。此外，从工艺、设备到新技术等，都经过了系统的考虑。同时，还设置了等离子体损伤的章节，其特色之一就是可以理解等离子体损伤的全貌。

　　本书不仅可以让初学者比较容易地理解干法刻蚀技术的原理，而且还可以让其获得更接近于实践的知识。此外，虽然本书是为初学者编写的，但也可以让有一定经验积累的工程师们了解干法刻蚀技术的全貌。希望本书能够成为从事干法刻蚀相关工作的工程师们开展工作的指南。

野尻一男

目　　录

第 1 章

半导体集成电路的发展与干法刻蚀技术

近年来，多媒体等先进信息设备的实用化发展迅速。微处理器和存储器等各种大规模集成电路（Large Scale Integrated circuit，LSI）是支撑这些电子信息产业发展的支柱。LSI 的进步非常迅速，每两年集成度翻一倍。这种向更高集成度发展的趋势被称为摩尔定律。此外，最小加工尺寸每 3 年缩小约 0.7 倍。图 1-1 显示了半导体器件小型化的进展。截至 2020 年，5nm 节点的逻辑器件即将进入全面量产。

LSI 的高集成度，也就是一个芯片可以内置尽可能多的器件，这里的关键是每个器件能做到多小。实现这一点的基础技术是微细加工技术。微细加工技术大致由光刻技术和干法刻蚀技术来实现。光刻技术是在光刻胶（一种光敏材料）上形成所需电路图案的技术[1]；干法刻蚀技术就是以该光刻胶作为掩模，将沉积在晶圆上的各种薄膜进行选择性去除，将光刻胶形成的电路图案转移到下面薄膜上去的技术。本章接下来将针对干法刻蚀技术的概要以及干法刻蚀技术在 LSI 器件高集成度方面的作用展开论述。

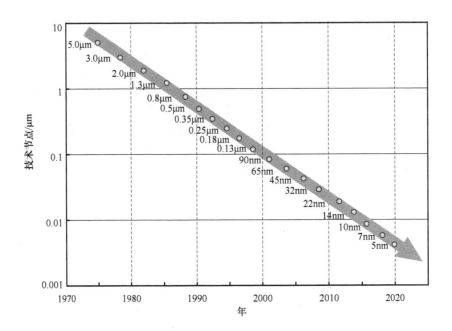

图 1-1　半导体器件小型化的进展

　　降低制造成本也是 LSI 制造的重要课题。为此，如图 1-2 所示，晶圆的大尺寸化技术在不断进步。在晶圆上形成了多个 LSI 芯片，如图 1-3 所示。这些芯片图形在光刻工艺中，通过曝光设备（步进式光刻机）的步进和重复来实现晶圆上的光刻[1]。当晶圆直径变大时，单个晶圆可以获取的芯片数量增加，从而实现单个芯片成本的降低。目前量产中使用的晶圆最大直径为 300mm，但接下来将会计划使用直径为 450mm 的晶圆。

　　如上所述，芯片的小型化和晶圆的大口径在半导体工业中是必不可少的，而干法刻蚀为了实现这些必须进行技术革新。

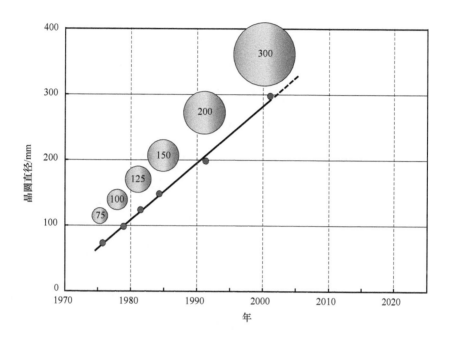

图 1-2　晶圆的大尺寸化

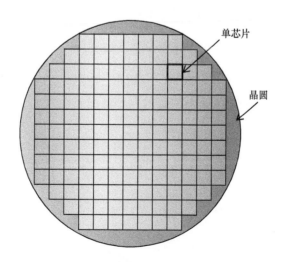

图 1-3　晶圆上形成的 LSI 芯片

1.1 干法刻蚀的概述

图 1-4 总结了干法刻蚀的概要。这里使用平行板型干法刻蚀系统作为代表性示例进行说明。此类刻蚀设备我们称为 RIE（Reactive Ion Etching，反应离子刻蚀）。首先，将刻蚀室抽成高真空后，导入刻蚀气体。然后通过含有一对相对电极的 13.56MHz 的射频（RF）电源来生成等离子体。刻蚀气体通过等离子体解离，产生活性物质，例如离子和自由基，以及构成聚合物基础的单体。这些活性物质和单体被输送到晶圆表面并与被刻蚀的材料发生反应。此时，如图 1-4 左侧所示，晶圆附近正在发生复杂的反应，刻蚀和聚合物沉积相互竞争。在这个例子中，单体 CF 和 CF_2 形成聚合物并沉积在图案表面上。这种聚合物在离子和 F 自由基的作用下以 CF_4 的形式被去除，随后下面的 Si 层在离子和 F 或 Cl 自由基的作用下被刻蚀。此时形成的反应产物从晶圆表面脱离，刻蚀继续进行。该反应的产物最终通过尾气处理装置排放到大气中。

干法刻蚀的工艺流程如图 1-5 所示。这是一个有代表性的例子，展示了栅极的刻蚀过程：（1）首先，在 Si 衬底上形成栅氧化膜。在上面沉积作为栅极材料多晶硅。（2）接下来，通过光刻形成光刻胶掩模（栅极图案）。（3）将晶圆置于干法刻蚀装置中，以光刻胶为掩模刻蚀底层的多晶硅，待栅氧化膜露出后停止刻蚀。（4）去除不需要的光刻胶，多晶硅栅就制备完成了。图 1-6 展示了 32nm 的栅极刻蚀形状的 SEM 照片 [2]。

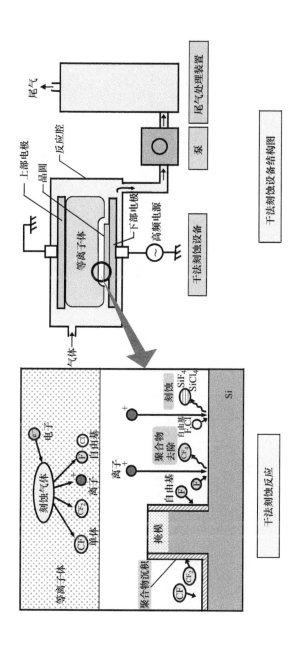

图 1-4　干法刻蚀的概要

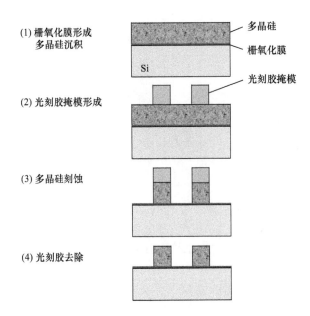

(1) 栅氧化膜形成
　　多晶硅沉积

多晶硅

栅氧化膜

(2) 光刻胶掩模形成

光刻胶掩模

(3) 多晶硅刻蚀

(4) 光刻胶去除

Si

图 1-5　干法刻蚀的工艺流程

32nm

图 1-6　栅干法刻蚀的实例[2]

1.2　干法刻蚀的评价参数

使用图 1-7 说明评价干法刻蚀的性能所需的参数。首先，关于刻蚀速率，根据刻蚀所需的时间来计算要刻蚀的膜的刻蚀速率（ER_1）。由于待刻膜的刻蚀速率直接关系到刻蚀系统的吞吐量，因此需要设置尽可能快的条件。衬底的刻蚀速率（ER_2）和掩模的刻蚀速率（ER_3）是根据刻掉膜的量来计算的。

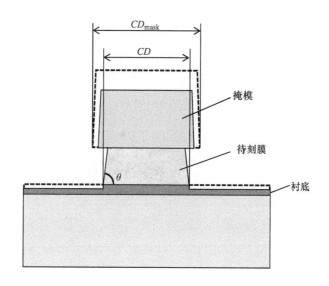

评估参数

1. 刻蚀速率：待刻膜（ER_1），衬底（ER_2），掩模（ER_3）
2. 选择比：待刻膜/衬底=ER_1/ER_2，待刻膜/掩模=ER_1/ER_3
3. 刻蚀后的关键尺寸：CD
4. 关键尺寸偏移量：$\Delta CD = CD_{mask} - CD$
5. 刻蚀图形：目标角度（θ）

图 1-7　干法刻蚀性能的评估参数

待刻膜与衬底的刻蚀速率比（ER_1/ER_2），以及待刻膜与掩模的刻蚀速率比（ER_1/ER_3）分别称为衬底选择比和掩模选择比。这是待刻膜被刻蚀时，衬底和掩模分别被刻蚀多少的指标参数。在干法刻蚀中，通常在待刻膜刻蚀完成后不会立即停止刻蚀，总是进行过刻蚀。这是由于刻蚀的均匀性和衬底的凹凸不平引起的，即使我们控制刚好刻蚀的时间，总会有一部分待刻膜残留，所以过刻蚀是为了去除这些残留物。高选择比意味着在过刻蚀时去除的衬底量相对较小。尤其是随着半导体小型化的发展，越来越需要这种高选择比的过刻蚀。例如，在栅极加工中，随着微细化的进行，作为衬底的栅氧化膜的厚度变薄。如果选择比不够高，栅氧化膜就很容易被全部刻掉。因此，需要对下面的栅氧化膜具有高选择比。对于掩模选择比也可以这样说，即随着微细化的推进，为了提高光刻的分辨率，光阻的厚度变薄。因此，需要高抗蚀剂选择比以使得光阻在刻蚀期间不消失。

刻蚀后的成品尺寸称为 CD（Critical Dimension，关键尺寸）。CD 是微细加工技术最重要的参数。比如栅极的 CD 加工就直接影响晶体管特性。也就是说，CD 决定 MOS（Metal Oxide Semiconductor，金属氧化物半导体）晶体管的阈值电压 V_{th}。如果 CD 在晶圆片内存在差异，V_{th} 也会在晶圆片内产生变化，这是导致成品率下降的原因。因此，对刻蚀均匀性的要求越来越高。下一节将讨论 MOS 晶体管。

掩模版尺寸（CD_{mask}）的偏移量称为尺寸偏移量 ΔCD，定义为 $\Delta CD = CD_{mask} - CD$。从精细的角度出发，必须完全按照掩模版的尺寸进行刻蚀，因此必须设置无限减小 ΔCD 的条件，使其接近零。

最后，我们讨论一下刻蚀形貌。如果倒角 θ 为 90°，也就是陡直的形状比较理想。必须避免 θ 超过 90° 形成逆倒角。这是因为逆倒角的结构在离子注入过程中可能会出现阴影区域，可能会对晶体管特性产生不利影响。我们需要设定刻蚀条件使得器件不形成逆倒角结构。

1.3　干法刻蚀在 LSI 的高度集成中的作用

我们以 DRAM（Dynamic Random Access Memory，动态随机存储器）为例来说明 LSI 的制造工艺中哪些部分会用到干法刻蚀技术。图 1-8 左图是典型的 DRAM 存储单元的截面图。DRAM 存储单元由一个 MOS 晶体管和一个电容器组成。等效电路图如图 1-8 右图所示。通过 MOS 晶体管在电容器中积累电荷，检查电容器中是否有电荷来识别 1 和 0。

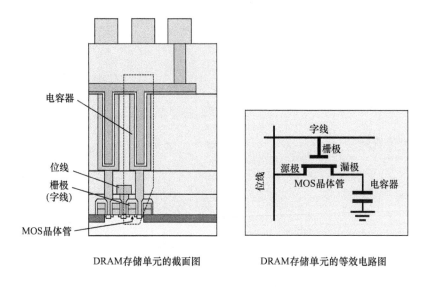

DRAM存储单元的截面图　　　　　DRAM存储单元的等效电路图

图 1-8　DRAM 存储单元结构

根据图 1-9 进行 DRAM 制造工艺的说明。

（1）首先，准备 Si 衬底。

（2）进行 STI（Shallow Trench Isolation，浅沟槽隔离）刻蚀。图中省略了光刻胶掩模的形成以及 STI 刻蚀后光刻胶的去除过程。接下来的说明全部都省略了光刻胶掩模的形成和刻蚀后的光刻胶去除工艺。

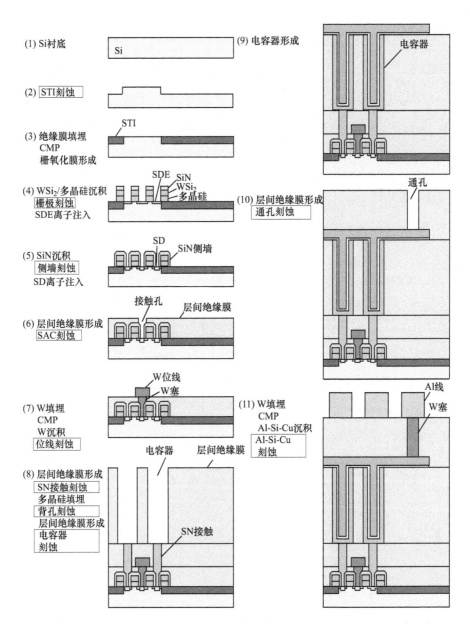

图 1-9　DRAM 制造工艺流程

（3）接下来，在形成的沟槽中埋入绝缘膜，并以 CMP（Chemical Mechanical Polishing，化学机械抛光）进行平坦化。利用这样的器件隔离技术来形成隔离区域。接着形成栅氧化膜。

（4）在栅氧化膜上通过沉积多晶硅、WSi_2 和 SiN 并进行栅极刻蚀，形成 SiN/WSi_2/多晶硅结构的栅极。接下来，进行 SDE（Source Drain Extension，源漏扩展）离子注入。

（5）在栅极上沉积 SiN，然后进行干法刻蚀；从栅极的侧壁垂直方向看 SiN 的膜厚比较厚，SiN 没有被刻蚀，留了下来，就形成了侧墙（spacer）。这个被称作侧墙刻蚀。接下来通过 SD（Source Drain，源漏）离子注入，形成源漏区域。至此，MOS 晶体管便形成了。MOS 是 Metal（金属：栅极材料，也就是 WSi_2/多晶硅）Oxide（氧化膜：栅氧化膜）Semiconductor（半导体：也就是 Si 衬底）的缩写。在 MOS 晶体管中，源极和漏极之间流动的电流由施加到栅极的电压来控制。在本书中，所有提到"晶体管"的地方都是指"MOS 晶体管"。

（6）形成层间绝缘膜后，进行 SAC（Self-Aligned Contact，自对准接触）刻蚀，形成与 Si 衬底的接触孔。该技术在栅极上覆盖一层 Si_3N_4 的薄膜，在接触孔刻蚀时起到刻蚀截止层的作用，即使发生光刻对准错位，接触孔和栅极也不会短路。详情将在第 3 章说明。

（7）在这个接触孔中埋入 W(钨)，用 CMP 进行平坦化处理。这称为钨塞。在其上沉积 W 并通过刻蚀来形成位线。

（8）沉积层间绝缘膜，SN（Storage Node，存储节点）进行接触刻蚀。同样，使用了 SAC 刻蚀工艺。SN 接触中埋藏多晶硅，回刻并进行平坦化处理。接着，沉积厚的层间绝缘膜并进行单元刻蚀。这个单元刻蚀是用于形成电容器的孔刻蚀，但深宽比（深度 / 孔径）非常大，因此实现起来难度很大。第 6 章详细讨论了高深宽比的孔刻蚀。

（9）在该单元中埋入电容器下部电极 (通常为多晶硅等)、电容器绝缘膜、电容器上部电极（通常为 TiN 等) 来形成电容器。

（10）在沉积层间绝缘膜之后，刻蚀通孔以连接电容器和引线。

（11）W 被埋在通孔中并用 CMP 平坦化。接下来沉积 Al-Si-Cu 层作为引线，刻蚀形成 Al 引线。这样，一个 DRAM 的存储单元就完成了。

如上所述，LSI 是通过重复薄膜沉积和干法刻蚀制成的。因此，刻蚀加工精度极大地影响了 LSI 的特性和成品率。图 1-9 简单说明了 DRAM 的制造过程，但想来读者现在应该明白了干法刻蚀在 LSI 的高度集成中的作用有多么重要。另外，干法刻蚀如何在各个工艺流程中体现将在第 3 章详细说明。

参 考 文 献

[1] 岡崎信次 , 鈴木章義 , 上野巧：「はじめての半導体リソグラフィ技術」，技術評論社（2011）.
[2] S. Ramalingam, Q. Zhong, Y. Yamaguchi & C. Lee：Proc. Symp. Dry Process, p. 139（2004）.

第 2 章

干法刻蚀的机理

目前，还没有建立干法刻蚀工艺的主导原则。然而，对反应过程的研究可以为工艺过程提供指导。为此，有必要了解干法刻蚀的机理。本章从等离子体的基础知识入手，不使用数学公式或难懂的理论，而是通过讲解干法刻蚀的反应过程和各向异性刻蚀的机理，让初学者也能完全理解。

在等离子体的基础知识中，我们将从诸如等离子体是什么等基础知识开始，然后解释理解干法刻蚀机理所需的基本项目，例如等离子体的物理量和等离子体中的平衡反应过程。

接着我们讨论在实现各向异性刻蚀中起重要作用的离子工作过程。为了理解鞘层内的离子散射现象，这里给出了离子鞘层厚度和平均自由程的具体数值。此外，解释了干法刻蚀的反应过程，各向异性刻蚀的机理，刻蚀速率和选择比等关键参数，并提供了工艺过程的关键参数设置，例如工艺气体和压力设置等。

2.1 等离子体基础知识

2.1.1 什么是等离子体

首先，让我们简单谈谈等离子体。等离子体的意思是"电离态气体"，是指自由运动的电子和离子数量大致相等的状态，宏观上它们是电中性的。电子密度（n_e）和离子密度（n_i）几乎相等，称为等离子体密度。由于电子可以在等离子体中自由移动，所以等离子体具有导体的性质。

当刻蚀腔中的一对电极通电时，电子被 RF 功率产生的电场加速，获得动能并与原子或分子碰撞（见图 2-1a）。当电子的动能超过电离能（电离电压）时，原子或分子最外层的电子被射出，使得中性原子和分子带正电成为了离子（见图 2-1b）。另一方面，除了碰撞电子之外，从分子和原子中射出的电子增加了电子的数量，达到 2 个。这是因为这些电子被电场加速并与另一个原子或分子碰撞产生新的离子和电子。这样，离子和电子的数量像雪崩一样增加，当超过一定的阈值时，就会发生放电，形成等离子体。图 2-2 总结了这种原理。

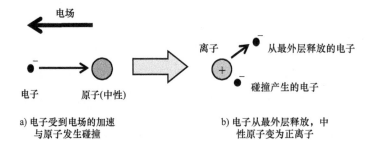

图 2-1　电子和中性原子碰撞产生的离子

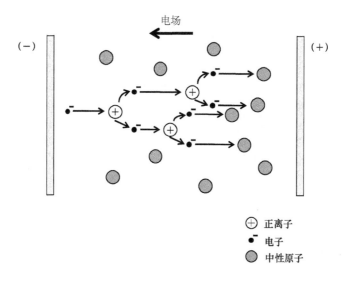

图 2-2　气体放电的原理

　　等离子体包括电子和离子 100% 分离的完全电离等离子体，以及离子、电子和中性原子、分子共存的电离率低的弱电离等离子体。辉光放电用于干法刻蚀。辉光放电产生的等离子体属于弱电离等离子体，由正负数相等的离子和电子，以及电中性的原子和分子组成。图 2-3 显示了辉光放电等离子体的模型图。辉光放电等离子体的电离度（电离率）为 $10^{-6} \sim 10^{-4}$ 的数量级。换句话说，最多只有万分之一被电离。其中大部分是中性粒子，每 10000 个中性粒子中只有一个离子和一个电子。这就是它被称为弱电离等离子体的原因。当压力为 13.3Pa（100mTorr）时，气体分子数为 $3.5 \times 10^{15} cm^{-3}$。因此，当电离度为 10^{-4} 时，等离子体密度为 $3.5 \times 10^{11} cm^{-3}$。辉光放电等离子体的等离子体密度范围为 $10^{9} \sim 10^{12} cm^{-3}$。一个熟悉的例子是荧光灯管的辉光放电等离子体。

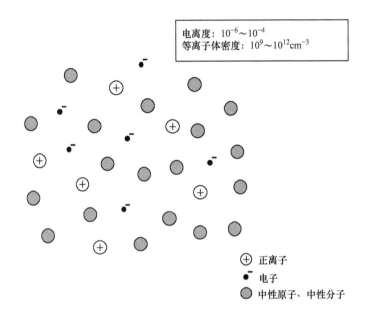

图 2-3   辉光放电等离子体（弱电离等离子体）模型图

2.1.2   等离子体的物理量

表 2-1 给出了电弧放电等离子体（强电离等离子体）和辉光放电等离子体（弱电离等离子体）的典型物理值[1, 2]。辉光放电等离子体的特征是电子温度 T_e 和气体温度 T_g 之间不处于热平衡状态。电子温度是电子所拥有的能量，它与动能 $\frac{1}{2} m_e v_e^2$ 之间存在如下关系：

$$\frac{1}{2} m_e v_e^2 = \frac{3}{2} kT_e \tag{2.1}$$

式中，m_e 是电子的质量；v_e 是电子的速度；k 是玻耳兹曼常数。

表 2-1　等离子体种类和各物理量 [1, 2]

等离子体种类	发生方式	等离子体密度 /cm^{-3}	电子温度 T_e/K	离子温度 T_i/K	气体温度 T_g/K
强电离等离子体（高温等离子体）	电弧放电	>10^{14}	6000	6000	6000
弱电离等离子体（低温等离子体）	辉光放电	10^9~10^{12}	~10^4	300~1000	300

由于电子很轻，它们被电场加速并获得大量的动能。辉光放电等离子体中的平均电子能量为几 eV。假设电子能量为 2eV，由式（2.1）可得电子温度为 23200K。另一方面，中性原子和分子的温度，即气体温度 T_g 约为室温（293K），即 $T_e/T_g≈80$，电子温度 T_e 与气体温度 T_g 之间不存在热平衡。由于电子质量小，尽管能量相当于 10^{4}K 以上的高温，晶圆仍能保持低温。因此，辉光放电等离子体又称为低温等离子体。电子激发的原子或分子具有足够的能量进行解离，同时气体温度接近设备温度，因此在低温下可以发生各种反应。这就是辉光放电等离子体用于半导体工艺的原因。

电弧放电是强电离等离子体，等离子体密度在 10^{14}cm^{-3} 以上。电子温度 T_e、离子温度 T_i 和气体温度 T_g 之间存在热平衡，并有 $T_e=T_i=T_g≈6000$K。因此，电弧放电称为高温等离子体。

2.1.3　等离子体中的碰撞反应过程

在等离子体中获得能量的电子与原子和分子发生碰撞。碰撞分为弹性碰撞和非弹性碰撞。图 2-4 总结了等离子体中的碰撞反应过程。在弹性碰撞中，只有动能改变而内能守恒。当电子的能量较低时，很容易会发生这种碰撞。在图 2-4 的示例中，电子反弹并改变方向。电子的部分能量被转移到原子的动能中，因此原子获得了很低的速度。电子在碰撞中失去的能量微乎其微。

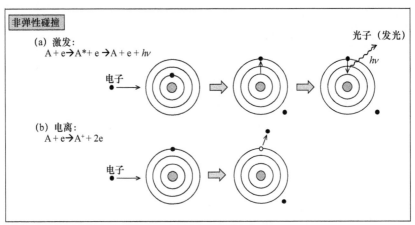

图 2-4　等离子体中的碰撞反应过程

非弹性碰撞也会引起内能转换，发生激发、电离、解离和电子吸附等。

（a）激发：碰撞电子给原子中的束缚电子提供能量，使它们跃迁到更高的能级。由于激发态一般是不稳定的，一个激发态的电子在回到基态之前只能在这种状态下停留大约 10^{-8}s。此时出现发光现象。等离子体就是基于这个原理发光的。激发反应过程表示如下：

$$A + e \rightarrow A^{*} + e \rightarrow A + e + h\nu$$

式中，A 代表中性原子；A^{*} 代表 A 处于激发态；h 是普朗克常数；ν 是发射光的频率。

（b）电离：如前所述，当碰撞电子的能量大于电离电压时，最外层的电子被放出，中性粒子变成正离子。此时的反应过程表示如下：

$$A + e \rightarrow A^+ + 2e$$

（c）解离：当撞击电子给出的能量大于分子的结合能时，就会发生解离。此时的反应过程表示如下：

$$AB + e \rightarrow A + B + e$$

当分子解离时，产物变得比原始分子更具化学活性，并成为更具反应性的颗粒。处于这种激活状态的粒子称为自由基。此外，据报道，CF_4 一旦过了激发态，它就很容易解离成 CF_3 自由基（$CF_3^{\cdot}$）和 F 自由基（$F^{\cdot}$）[3]。反应过程表示如下：

$$CF_4 \rightarrow CF_4^* \rightarrow CF_3^{\cdot} + F^{\cdot}$$

（d）电子吸附：与原子碰撞的电子被吸附，成为负离子。此时的反应过程表示如下：

$$A + e = A^-$$

2.2　离子鞘层及离子在离子鞘层中的行为

2.2.1　离子鞘和 V_{dc}

首先，让我们解释一下 V_{dc}，这是理解干法刻蚀机理的一个非常重要的因素。如图 2-5 所示，在平行板型干法刻蚀设备（RIE）中，在放置晶圆的电极端通过隔离电容器连接到 RF 电源中，相对电极的上部电极接地。RF 电源的频率一般采用 13.56MHz。也就是说，电场的方向会在 1s 内改变 13.56×10^6 次。由于电子质量轻，它们可以很容易地跟随这个电场的变化而移动。另一方面，离子的质量大约是电子的 100000 倍，因此它们不能跟随振动，也不能从那个位置移动太多。因此，只有被电场加速的电子才能进入电极。由于下部电极有隔离电容器，逐渐偏向负电位。这样产生的直流（DC）偏压称为自偏压，写成 V_{dc}。V_{dc} 的值与 RF 功率有关，Si 或 Al 等导电材料的刻蚀，可以认为是几十伏～几百伏。图 2-6 为通常状态的下部电极电压波形。在每个循环中电极电压只在短时间内变为正值，此时才有电子电流流过电极。相比之下，离子电流几乎连续流动。通常状态下，每个循环流入电荷的总和为零。

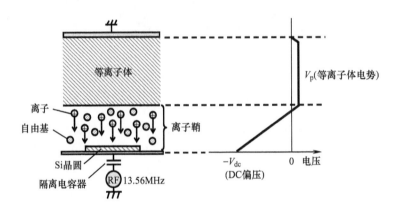

图 2-5   离子鞘和 V_{dc}

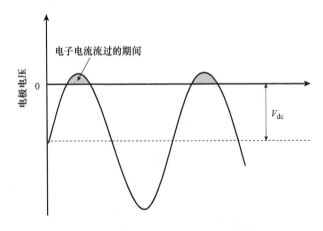

图 2-6   RF 放电时下部电极的电压波形

当电极为负偏压时，电子被驱离，电极附近几乎没有电子。该区域称为离子鞘层。Sheath 在英文中是"鞘"的意思，即 Ion Sheath 是离子鞘的意思。由于该区域的电子密度低，碰撞激发的概率低，几乎观察不到发光。因此，离子鞘又被称为"暗空间"。

图 2-5 显示了刻蚀系统中的电势分布。如上所述，等离子体是导体，宏观上等离子体内部是等电位的，因此离子在等离子体中的运动方向是随机的。等离子体的电势称为等离子体电势 V_p。V_p 虽然根据各种条件而变化，但可以认为是几十伏到 50V 范围。另一方面，在离子鞘层中，相对电极形成 $-V_{dc}$ 的电势梯度，因此到达等离子体和离子鞘之间的边界的离子被该 V_{dc} 朝向晶圆加速。此时离子获得的能量为 $V_p + V_{dc}$。刻蚀主要由于这些直线离子而进行，因此可以获得与掩模尺寸偏移很小的各向异性形状。下一节将详细介绍这个机理。

电极诱发的 V_{dc} 大小与电极的面积相关。如图 2-7 所示，假设电极 1 和 2 的面积为 S_1、S_2，各个电极感应的 V_{dc} 为 V_{dc1}、V_{dc2}，那么将存在以下关系 [4]：

$$\frac{V_{dc1}}{V_{dc2}} = \left(\frac{S_2}{S_1}\right)^4$$

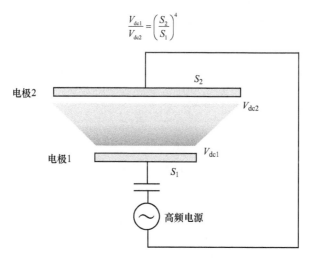

图 2-7 电极面积比与 V_{dc} 的关系

$$\frac{V_{dc1}}{V_{dc2}} = \left(\frac{S_2}{S_1}\right)^4 \tag{2.2}$$

即面积越小的电极感应 V_{dc} 越高。

这样相对于晶圆可以获得足够的 V_{dc}。在 RIE 中，一般腔室壁与电极 2 具有相同的电位，如图 2-8 所示，以便容易形成 $S_2 > S_1$ 的构造。在这种情况下，在腔室壁中感应的 V_{dc} 小，壁的溅射抑制得较低，还可以抑制重金属等杂质从壁释放到等离子体中。

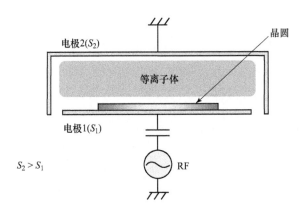

图 2-8　RIE 的电极面积

2.2.2　离子鞘层中的离子散射

这里定量地考虑离子鞘层中离子的散射。

离子鞘的厚度（d_{is}）由以下 Child-Langmuir 公式来表示[5]：

$$d_{is} = \frac{2}{3}\left(\frac{\varepsilon_0}{i_{io}}\right)^{\frac{1}{2}}\left(\frac{2e}{m_i}\right)^{\frac{1}{4}}(V_p - V_{dc})^{\frac{3}{4}} \tag{2.3}$$

式中，i_{io} 是离子电流密度；ε_0 是真空介电常数；e 是电子的基本电荷；m_i 是离子的质量；V_p 是等离子体电势。

表 2-2 为高密度等离子体中离子鞘层厚度的计算实例 [6]。第 4 章将讲述的 ICP（电感耦合型等离子体）或 ECR（电子回旋共振）等离子体等高密度的等离子体工作区域的离子鞘层厚度均可认为近似于该值。这里我们以 Ar 为例，求压力 1.33Pa（10mTorr）、离子电流密度为 15mA/cm² 时的离子鞘层厚度。离子鞘层厚度 d_{is} 非常小，为 0.28mm。

在这里，让我们简单地谈谈平均自由程（λ），这是考虑离子鞘层中离子散射的另一个重要概念。平均自由程是粒子从一次碰撞到下一次碰撞所经过的平均距离。换句话说，它可以认为是粒子在不发生碰撞的情况下可以飞行的距离。如果气体压力降低，其中的分子数量就会减少，因此平均自由程就会增加。换句话说，压力越低，粒子在不发生碰撞的情况下可以行进的距离越远。平均自由程与压力成反比。以 Ar 为例，见表 2-2，当压力为 1.33Pa 时，平均自由程为 5mm，当压力为 1/10 时，则为 50mm。

表 2-2　鞘层厚度计算及高密度等离子体相关常数 [6]

条件	
气体	Ar
压力	1.33Pa
平均自由程（λ）	5mm
$V_{dc} - V_p$	−100V
离子电流密度	15mA/cm²
计算结果	
离子鞘厚度（d_{is}）	0.28mm
d_{is} / λ	0.056
$\exp(-d_{is} / \lambda)$	0.95

　　离子鞘层中的离子散射由离子鞘层厚度和平均自由程决定。也就是说，如果平均自由程与离子鞘厚度相比足够大，则离子将到达晶圆而不会被散射。离子的这种直进性是实现各向异性刻蚀的重要因素，这将在下一节中进行描述。

　　此处，我们考虑离子鞘层中离子的散射，试着将高密度等离子体刻蚀机（例如 ICP 或 ECR 的刻蚀机）与高密度等离子体刻蚀机出现之前使用的批量式 RIE 刻蚀机进行比较。示意图如图 2-9 所示。高密度等离子体刻蚀机的离子电流密度比批量式 RIE 刻蚀机高一个数量级。这意味着高密度等离子体刻蚀机可以实现高刻蚀速率和薄离子鞘层厚度。在 ICP 和 ECR 等高密度等离子体的情况下，鞘层厚度 d_{is} 薄至 0.28mm。另一方面，由于工作压力低至 1.33Pa，平均自由程长达 5mm。换句话说，与 d_{is}（$d_{is}/\lambda = 0.056$）相比，λ 足够大，并且大多数离子到达样品表面时不会与鞘层中的中性粒子发生碰撞（见图 2-9a）。然而，对于批量式 RIE 来说，$\lambda < d_{is}$（$d_{is}/\lambda = 3.8$），几乎所有的离子都与鞘层中的中性粒子发生碰撞，方向被打乱（见图 2-9b）。

　　如上所述，在高密度等离子体刻蚀机中几乎没有鞘层内的离子散射，可以说倾斜入射的离子非常少。

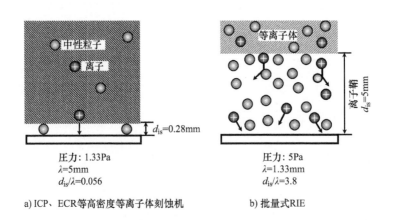

a) ICP、ECR 等高密度等离子体刻蚀机　　　b) 批量式 RIE

图 2-9　离子鞘中的离子运动

图 2-10 展示了离子的方向性对微细加工的影响。当由于散射而导致倾斜离子较多时，如图 2-10a 所示，离子难以进入微细图形，刻蚀速率降低。另一方面，因为有足够的离子进入图形，具有大开口图形中的刻蚀速率不会降低。换言之，出现刻蚀速率的图形依赖性。作为对策，降低压力并防止由于散射而产生倾斜方向的离子是有效的。如图 2-10b 所示，当离子的方向一致时，可以以相同的刻蚀速率刻蚀精细和宽的图形。图 2-11 显示了使用各种刻蚀系统关于此现象的研究结果[6]。等离子体刻蚀机在 270Pa 的高工艺压力下运行时，接触孔刻蚀速率在孔径为 1.0μm 或更小时急剧下降。孔径为 0.4μm 时，它会下降到 60%。与之相比，ECR 等离子体刻蚀机在工艺压力低至 0.4Pa 时，即使是孔径为 0.4μm 的微孔，也有足够的离子入射，因此刻蚀速率几乎没有下降。

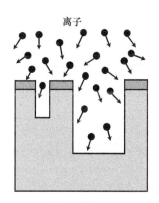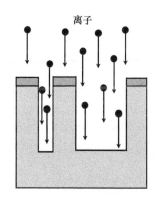

a) 高压力情况下   b) 低压力情况下

图 2-10   离子的方向性对微细加工的影响

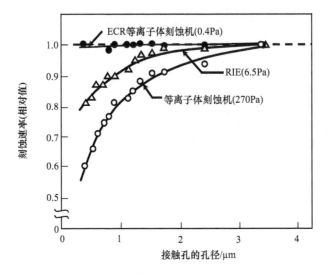

图 2-11　接触孔刻蚀的刻蚀速率与孔径的相关性 [6]

2.3　刻蚀工艺的设置方法

2.3.1　干法刻蚀的反应过程

如本章开头所述，有必要首先研究反应过程，以获得构建干法刻蚀过程状态的方法。这里我们阐述一下基本的思考方法。

干法刻蚀分成以下四个过程进行：（1）等离子体中活性物质（中性自由基和离子）的产生（解离·电离）；（2）活性物质向被刻蚀膜的输送和吸附；（3）在被刻蚀膜表面的反应，以及反应产物的生成；（4）反应产物从被刻蚀膜表面脱离。图 2-12 显示了使用 CF_4 刻蚀 Si 的反应过程。首先，CF_4 在等离子体中解离成 CF_3 自由基（$CF_3^{\cdot}$）和 F 自由基（$F^{\cdot}$）。然后 CF_3 自由基吸附到 Si 表面，与 Si 反应生成反应产物 SiF_4。随着 SiF_4 原子从 Si 表面脱离进行刻蚀。

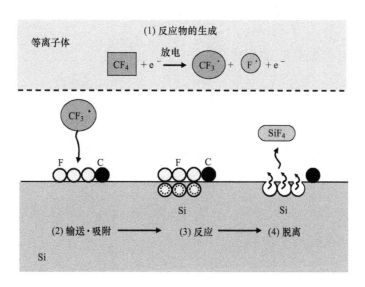

图 2-12　干法刻蚀的反应过程（使用 CF$_4$ 刻蚀 Si 的例子）

为了实现微细加工，重要的是能够如实地按照掩模尺寸进行加工。图 2-13
解释了各向同性刻蚀和各向异性刻蚀的区别。当自由基进行刻蚀反应时，自由基
发生热运动，即随机运动，如图 2-13a 所示，刻蚀不仅在垂直方向进行，而且在
水平方向进行，这被称为各向同性刻蚀。它会在掩模层下产生底切，使微细加工

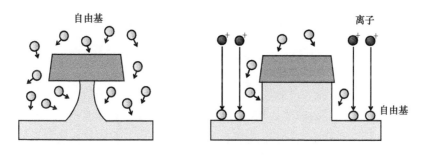

a) 利用自由基的各向同性刻蚀　　　　b) 利用离子辅助反应的各向异性刻蚀

图 2-13　各向同性和各向异性刻蚀

变得不可能。与之相对，如图 2-13b 所示，刻蚀在垂直方向上进行。这样的话，就可以进行忠实于掩模尺寸的加工，这被称为各向异性刻蚀。

2.3.2 各向异性刻蚀的机理

首先考虑各向异性刻蚀的实现。为实现各向异性刻蚀，基本思路是使表面反应只在垂直方向上进行。有一种方法能做到这一点就是离子辅助反应。离子辅助反应是入射离子促进表面反应的现象。在发生离子辅助反应的系统中，离子照射表面的刻蚀速率明显高于中性自由基的刻蚀速率。因此，通过控制上一节所述的等离子体，使离子垂直入射到待刻蚀表面，通过调整离子的方向，即可实现各向异性刻蚀。

图 2-14 显示了离子辅助反应的实验结果[8]。图的纵轴代表 Si 的刻蚀速率。在这个实验中，首先，Si 单独用 XeF_2 气体刻蚀。在这种情况下，从 XeF_2 解离的 F 自由基将 Si 刻蚀，刻蚀速率低至最多 5Å/min。然而，当用 450eV 的 Ar^+ 离子照射该系统时，刻蚀速率增加了 10 倍以上。接下来，当停止供应 XeF_2 并仅使用 Ar^+ 照射时，即在离子纯物理溅射的情况下，刻蚀速率急剧下降至 3Å/min 或更低。类似这样，单独用自由基刻蚀或物理溅射的刻蚀速率很低，但通过自由基的吸附对离子施加离子轰击使得刻蚀速率增加的现象称为离子辅助刻蚀现象。关于为什么会出现这种情况有多种解释，但热点模型是最有可能的。假设通过离子轰击将局部温度升高到极高的温度，这显著加速了自由基的反应并提高了刻蚀速率[9]。

因此，由于离子辅助反应的刻蚀速率比自由基的刻蚀速率高几个数量级，离子对于晶圆以垂直方向入射，垂直方向的刻蚀速率（离子辅助反应的作用）要比横向的刻蚀速率（自由基的作用）更快，从而获得各向异性的形状。这就是离子辅助反应的各向异性刻蚀原理。

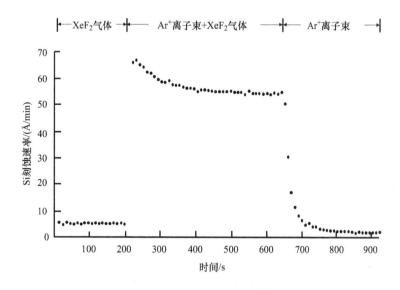

图 2-14 离子辅助刻蚀 [8]

　　图 2-15 显示了刻蚀各成分与入射离子能量的相关性。离子的物理溅射与能量有关,刻蚀速率随离子能量的增加而增加,但绝对值很小。自由基的化学刻蚀完全没有能量相关性,并且始终是恒定值。此外,刻蚀速率低。离子辅助刻蚀高度依赖于离子能量,刻蚀速率随着能量的增加而显著增加。通过该离子辅助刻蚀可以实现各向异性刻蚀。

　　离子辅助刻蚀的效果根据被刻蚀材料和刻蚀气体的组合而不同。换言之,取决于待刻蚀材料和刻蚀气体的组合,离子辅助反应可能发生也可能不发生。图 2-16 为 F^+、Cl^+ 和 Br^+ 刻蚀 Si 时的化学溅射率 [10];图 2-17 为 Cl^+ 刻蚀 Al、C、B 和 Si 的化学溅射率 [9]。在这里,化学溅射率被定义为每个离子的溅射率减去物理溅射率 [9]。图 2-16 所述 F^+、Cl^+ 和 Br^+ 刻蚀 Si 时,化学溅射率的离子能量依赖性很强,也就是说,在这种组合中,发生离子辅助反应和各向异性刻蚀是可能的。另一方面，当用 F⁺ 离子进行 Si 刻蚀时，离子能量依赖性小。换句话说，离子辅助反应的效果小，表明不太可能发生各向异性刻蚀。应用于实际刻蚀气体时，解离产生 Cl^+ 和 Br^+ 离子的 Cl_2 和 HBr 适用于 Si 的各向异性刻蚀。这就是这些气体被用作多晶硅栅极和 STI 刻蚀基础气体的原因。另一方面，当用 SF_6 和 CF_4 等解离并产生 F⁺ 离子的气体刻蚀 Si 时，可以看出刻蚀趋于各向同性。

接下来，让我们考虑 Al 刻蚀的情况。观察图 2-17，可以看出，当用 Cl^+ 离子刻蚀 Al 时，化学溅射速率不依赖于离子能量。换句话说，在该组合中，没有离子辅助反应发生，并且进行各向同性刻蚀。

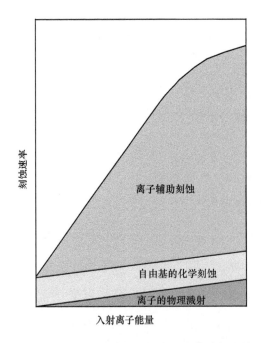

图 2-15   刻蚀各成分与入射离子能量的相关性

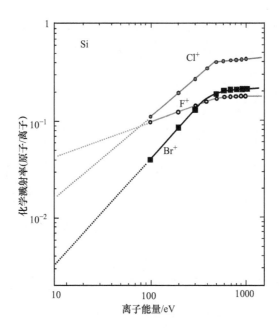

图 2-16　Cl⁺、Br⁺ 和 F⁺ 离子的 Si 的化学溅射率与离子能量的相关性[10]

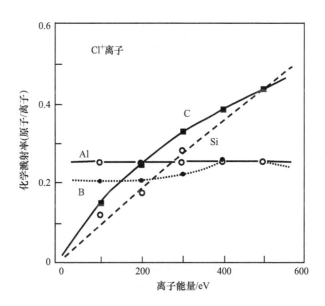

图 2-17　Cl⁺ 刻蚀 Al、B、C 和 Si 的化学溅射率与离子能量的相关性[9]

为了在没有离子辅助反应的系统或离子辅助反应效果较差的系统中实现各向异性刻蚀，采用了如下所述的侧壁保护工艺。

2.3.3 侧壁保护工艺

侧壁保护工艺是用聚合物等保护膜保护被刻蚀面侧壁的工序，该保护膜防止刻蚀时自由基的侵入。保护膜是通过在等离子体中生成无机物（例如 SiO_2）或有机聚合物而形成的。图 2-18 显示了侧壁保护工艺的模型图[11]。这里，以保护膜为有机聚合物的情况为例进行说明。当将形成聚合物的气体添加到刻蚀气体的气体系统进行刻蚀时，从形成聚合物的气体中解离的诸如 CF 和 CF_2 等单体吸附在被刻蚀的表面上并形成聚合物。结果，整个刻蚀表面被聚合物覆盖（见图 2-18a）。由于离子垂直入射到晶圆，因此离子将平坦表面的聚合物去

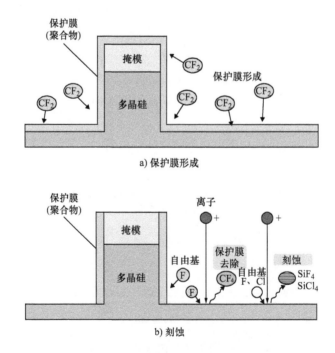

a) 保护膜形成

b) 刻蚀

图 2-18 侧壁保护工艺的模型图[11]

除，并通过暴露的待刻蚀材料、离子和自由基之间的反应进行刻蚀。然而，离子很难进入图形侧壁，聚合物不会被去除并保留，因此侧壁受到聚合物的保护。因此，实现各向异性刻蚀是因为聚合物可以防止这种自由基进入侧壁（见图 2-18b）。这就是侧壁保护工艺的原理。在图 2-18 中，反应（a）和（b）是分开解释的，但在实际刻蚀中，反应（a）和（b）是同时发生的。

构成聚合物形成的单体也可能从刻蚀气体本身中解离和产生。另外，通过刻蚀光刻胶也可以产生。用 Cl 基气体刻蚀 Al 时，不会发生离子辅助反应，所以理论上应该是各向同性刻蚀，但实际上得到的是各向异性的形状。这就是因为光刻胶的刻蚀提供了 C、H，形成侧壁保护膜。

如上所述，当用诸如 SF_6 的氟基气体刻蚀 Si 时，离子辅助反应的作用很小。在这种情况下，当气体中加入 O_2 时，会生成 SiO_2，起到侧壁保护膜的作用，可以获得各向异性的形状。

2.3.4　刻蚀速率

刻蚀速率取决于所有反应过程（1）~（4）。然而，从气体选择的角度来看，（3）表面反应和（4）反应产物的解吸很重要。一个参考是前面提到的化学溅射速率，另一个是反应产物的蒸气压。图 2-19 显示了蒸气压曲线的模式图。如图所示，氟化物的蒸气压一般高于氯化物。较高的蒸气压意味着反应产物更易挥发。因此，如果使用产生氟化物作为反应产物的气体系统，则可以容易地解吸反应产物，并且可以提高刻蚀速率。表 2-3 显示了各种卤化物的熔点和沸点数据[12]。从这里我们可以看到，Si 和 W 的氟化物比氯化物更加容易挥发。而 Al 的情况则相反，可以看出氟化物比氯化物更难挥发。这表明 Al 只能在 Cl 系统中被刻蚀。需要注意的是，Al 的氟化物的形成会导致颗粒产生，因此必须小心。表 2-4 总结了各种化合物的蒸气压变为 1333Pa（10Torr）时的温度[13]。我们在这里选择 1333Pa 是因为干法刻蚀一般在该压力或更小的压力下进行。由此，可以估计各种反应产物挥发的难易程度，并获得提高刻蚀速率的方法。如果想知道刻蚀各种材料的蒸气压，可以参考化学手册等[14]。

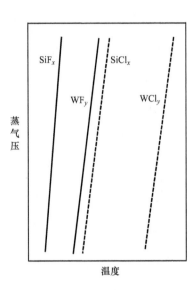

图 2-19　蒸气压曲线

表 2-3　各种卤化物的熔点和沸点 [12]

化合物	熔点 /℃	沸点 /℃
SiF$_4$	−77（2 个标准大气压）	−95（升华）
SiCl$_4$	−70	57.6
SiBr$_4$	5.2	153.4
WF$_6$	2.5	17.5
WCl$_6$	275	346.7
AlF$_3$	1290	—
AlCl$_3$	190（2.5 个标准大气压）	183（升华）
AlBr$_3$	97.5	255
CuF	908	1100（升华）
CuCl	452	1367
CuBr	504	1345

表 2-4　各种化合物在到达 1333Pa 蒸气压的温度 [13]

化合物	温度 /℃	化合物	温度 /℃	化合物	温度 /℃	化合物	温度 /℃
AgCl	1074	CrO_2Cl_2	13.8	KBr	982	SbI_3	223.5
AgI	983	Cu_2Br_2	718	KCl	968	$SiCl_4$	−34.7
$AlBr_3$	118.0	Cu_2Cl_2	702	KF	1039	$SiClF_3$	−127.0
$AlCl_3$	123.8	Cu_2I_2	656	KI	887	$SiCl_2F_2$	−102.9
AlF_3	1324	$FeCl_2$	700	LiBr	888	$SiCl_3F$	−68.3
AlI_3	225.8	$FeCl_3$	235.5	$MgCl_2$	930	SiF_4	−130.4
As	437	$GeBr_4$	56.8	NaBr	952	$SnBr_4$	72.7
AsH_3	−124.7	$GeCl_4$	−15.0	NaF	1240	$SnCl_2$	391
BBr_3	−10.1	H_2S	−116.40	NaI	903	$SnCl_4$	10.0
BCl_3	−66.9	H_2S_2	−19	$NiCl_2$	759	SnH_4	−118.5
BF_3	−141.3	H_2Se	−100	PbI_2	571	SnI_4	175.8
$CdCl_2$	656	$HgBr_2$	179.8	PbF_2	904	$ZnCl_2$	508
CdF_2	1559	$HgCl_2$	180.2	$SbBr_3$	142.7	ZnF_2	1359
CdI_2	512	HgI_2	204.5	$SbCl_3$	85.2		

2.3.5　选择比

与衬底的选择比，最好考虑离子能量控制和原子间结合能 [15]。由于反应向结合能较高的方向进行，因此选择气体种类时充分考虑结合能，可以抑制衬底的刻蚀速率并提高选择比。例如，为了在多晶硅的刻蚀中增加与底层 SiO_2 的选择比，选择与 Si 的结合能小于与 Si-O 的结合能的 Br 和 Cl 系气体作为刻蚀气体。使其与 SiO_2 的刻蚀速率变得极慢，可以获得高选择比 [16]。这将在下一章多晶硅的刻蚀部分进行详细说明。此外，刻蚀速率对离子能量的依赖性很强，选择对 SiO_2 刻蚀快，对多晶硅刻蚀慢的气体体系来降低离子能量也是一种有效方法。氟基气体就是这种情况。

2.3.6　总结

综上所述，在开展工艺过程中，我们必须在考虑化学溅射速率的离子能量相关性、反应产物的蒸气压和原子间键合能的前提下，选择反应气体和控制等离子体反应来开展相关的工艺。但是，实际上，很难用一种气体同时满足各向异性、刻蚀速率和选择比的所有要求。比如从图 2-16 可以看出，Cl 系气体适用于多晶硅的各向异性加工。然而，图 2-19 显示作为反应产物的氯化物的蒸气压低于氟化物的蒸气压，因此刻蚀速率不会很高。F 系气体的情况正好相反。因此，实际工艺过程中，通常采用将这些气体适当混合，或在气体中混入易形成聚合物的气体来形成侧壁保护工艺的情况也比较多。

参 考 文 献

[1]　飯島徹穂, 近藤信一, 青山隆司:「はじめてのプラズマ技術」ビギナーズブックス 7, 工業調査会（1999）.

[2]　八田吉典:「気体放電」第 2 版, 近代科学社（1971）.

[3]　津田穣:「半導体プラズマプロセス技術」菅野卓雄編著, 産業図書, p.23（1980）.

[4]　H. R. Koenig & L. I. Maissel：IBM J. Res. & Dev. 14, p.168（1970）.

[5]　B. Chapman：Glow Discharge Processes, John Wiley & Sons（1980）.

[6]　K. Nojiri & E. Iguchi：J. Vac. Sic. & Technol. B 13, 1451（1995）.

[7]　堀池靖浩：第 19 回半導体専門講習予稿集, p. 193（1981）.

[8]　J. W. Coburn & H. F. Winters：J. Appl. Phys. 50, 3189（1979）.

[9]　S. Tachi：Proc. Symp. Dry Process, p.8（1983）.

[10]　S. Tachi & S. Okudaira：J. Vac. Sci. Technol. B 4, 459（1986）.

[11]　野尻一男, 定岡征人, 東英明, 河村光一郎：第 36 回春季応用物理学会講演予稿集（第 2 分冊）, p.571（1989）.

[12]　理化学辞典第 3 版増補版：岩波書店（1981）.

[13]　川本佳史:「サブミクロン・リソグラフィ総合技術資料」サイエンスフォーラム, p.335（1985）.

[14]　化学便覧基礎編：日本化学会編, 丸善.

[15]　Handbook of Chemistry & Physics 47th Edition：The Chemical Rubber Co.（1966）.

[16]　M. Nakamura, K. Iizuka & H. Yano：Jpn. J. Appl. Phys. 28, 2142（1989）.

第3章

各种材料刻蚀

本章介绍半导体制造过程中实际使用材料的刻蚀。半导体工艺中的刻蚀大致可分为（1）Si 系刻蚀、（2）绝缘膜系刻蚀、（3）布线材料刻蚀。本章分别对栅极刻蚀、SiO_2 刻蚀、Al 合金层状金属结构刻蚀等各领域的核心技术进行了详细阐述。在这里，我们超越了单纯的细节，解释了控制刻蚀的参数以及如何控制它们。如果理解了这些刻蚀，就可以推广应用于其他材料体系。例如，在栅极刻蚀中，我们讲述多晶硅栅极、WSi_2/ 多晶硅栅极、W/WN/ 多晶硅栅极的刻蚀，如果我们充分理解这些，就可以使用类似的方法构建一个工艺来刻蚀STI 和 W 布线。此外，在栅极刻蚀时，不仅对加工形状有强烈的要求，对减少晶圆面内的尺寸偏差也有很强的要求。有关这些，本章将从影响晶圆面内均匀性的主要因素以及相关的控制方法等角度进行说明。

SiO_2 的刻蚀机理与 Si 系不同，适合刻蚀的等离子体源也不同。因此，本章对刻蚀机理和控制刻蚀的关键参数进行了深入的阐述，以便大家理解气体系统的配置方法和采用窄间隙平板型刻蚀机的原因。

在 Al 布线刻蚀中，也提到了制造过程中经常遇到的 Al 腐蚀问题，并说明了对策。布线方面，Cu 大马士革布线技术正在取代 Al 布线成为主流。相关内容将在第 6 章中进行说明。

3.1   栅极刻蚀

首先，将阐述栅极刻蚀。栅极刻蚀工艺流程已在第 1 章的图 1-5 中进行了说明。栅极是决定晶体管特性的重要部分，尤其是 MOS 晶体管的阈值电压（V_{th}）取决于栅极尺寸，因此刻蚀成品尺寸（CD）的控制极为重要。在栅极刻蚀中，不仅要提高 CD 本身的精度，还要抑制晶圆面内的 CD 偏差。由于精细化的要求，一般需要垂直形状的刻蚀。同时，越来越薄的栅氧化膜要求高选择比。作为栅极材料，多晶硅用于逻辑器件，WSi_2/ 多晶硅、W/WN/ 多晶硅的叠层结构用于 DRAM。

3.1.1   多晶硅的栅极刻蚀

以往栅极刻蚀多采用氟氯烃气体即氟利昂系气体 [1]。但是，如下所述，使用氟氯烃的情况下，由于气体中的碳可以促进氧化膜的刻蚀，难以对栅氧化膜获得高选择比。此外，由于环境问题，特定的氟利昂已经无法使用。在此背景下，Cl 系和 Br 系气体现在很常见。具体来说，是基于 Cl_2 和 HBr 的气体。如第 2 章 2.3.2 节所述，Cl 系和 Br 系气体往往容易进行各向异性形貌的刻蚀，因此，有利于获得垂直的加工形貌。此外，如下所述，对于衬底，栅氧化膜可以获得比较高的选择比。

表 3-1 为原子间的化学结合能 [2]。其中，刻蚀前的结合能（Si-O、Si-Si）为结晶的值，刻蚀后的结合能（C-O、Si-F、Si-Cl、Si-Br）为双原子分子的值。由于反应向结合能较大的方向进行，在与 Si 的结合能小于 Si-O 的 Cl 和 Br 体系中，SiO_2 的刻蚀速率变得极慢，可以得到高刻蚀选择比。然而，如果反应体

系中存在碳，由 C-O > Si-O 可以知道由于表面形成强 C-O 键，Si-O 键结合变弱，形成 Si-Cl 或 Si-Br 键，从而进行刻蚀[2]。即选择比降低。这就是 Cl_2 和 HBr 容易获得高刻蚀选择比，而氟氯烃选择比低的原因。

表 3-1　原子间的化学结合能[2]　　　（单位：kcal/mol）

C-O	$257^{②}$	Si-F	$132^{②}$
–Si-O–	$111^{①}$	Si-Cl	$96^{②}$
–Si-Si–	$54^{①}$	Si-Br	$88^{②}$

① 结晶的值。
② 双原子分子的值。

为了获得各向异性的形状和高选择比，给 Cl_2 和 HBr 加上 O_2 也是有效的。关于这个将在 3.1.3 节的 WSi_2/ 多晶硅刻蚀的部分进行说明。

图 3-1 为多晶硅栅极的刻蚀实例[3]。基于 Cl_2 和 HBr 的气体系统用于 TCP 刻蚀机（该设备将在第 4 章中说明）。CD 是 30nm 的微细多晶硅栅极，可以进行垂直加工。

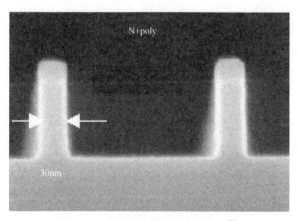

图 3-1　多晶硅栅极的刻蚀实例[3]

3.1.2　CD 的晶圆面内均匀性控制

CD 的晶圆面内均匀性受到反应产物再沉积到图形上的影响[4]。图 3-2 显示了反应产物的再沉积对于 CD 的影响模型。决定 CD 均匀性的关键参数有两个。一个是反应产物的空间分布。如图 3-2 所示，多晶硅采用 Cl_2 系气体刻蚀，反应产物 $SiCl_4$ 的浓度在晶圆中心高、周边低。晶圆中心的图形 $SiCl_4$ 附着较多、外围部分较少。结果，CD 在晶圆中心大，而在晶圆周边小。另一个是晶圆温度分布。如图 3-2 所示，当晶圆温度中心低、周边温度高时，$SiCl_4$ 沉积概率在晶圆中心高、周边低。结果，CD 在晶圆的中心大，而在晶圆的外围小。

图 3-3 利用可以调节向腔室内部吹气系统方向的刻蚀机，研究气体吹向和 CD 均匀性之间的影响关系 [5]。当气体吹向晶圆中心时，$SiCl_4$ 的浓度在晶圆中心较低，而在外围较高，如图 3-3 所示。结果，晶圆中心的图形变细而外围的图形变粗。当气体吹向晶圆周边时，$SiCl_4$ 浓度的面内均匀性得到改善，晶圆中心与周边之间的 CD 之差减小。

图 3-4 是可以独立控制晶圆中心和周边部分温度功能的带静电卡盘（可调谐 ESC（Electro-Static Chuck））刻蚀机，研究晶圆温度分布对 CD 均匀性的影响 [5]。当设置晶圆中心和周边部分的可调谐 ESC 温度同样是 30℃时，中心部分的图形有稍微变宽的趋势。当晶圆中心部分的温度升高到 50℃时，晶圆中心的反应产物粘附的概率变小，晶圆中心的图形变窄。

可调谐 ESC 于 2002 年由 Lam Research 商业化。图 3-5 显示了可调谐 ESC 的进展和 CD 均匀性的提高 [6]。为了提高径向的均匀性，可以控温的区域数量从 2 个区域增加到 4 个区域。目前可独立控制 100 多个区域的温度，不仅可以控制径向，还可以控制非径向的均匀性改进。结果，显著提高了 CD 的均匀性。如图 3-6 所示，可调谐 ESC 可以控制 100 多个区域的温度，CD 均匀性从光刻后的 1.8nm（3σ）提高到刻蚀后的 0.5nm（3σ）以下 [6]。关于静电吸附将在第 4 章 4.8 节中解释。

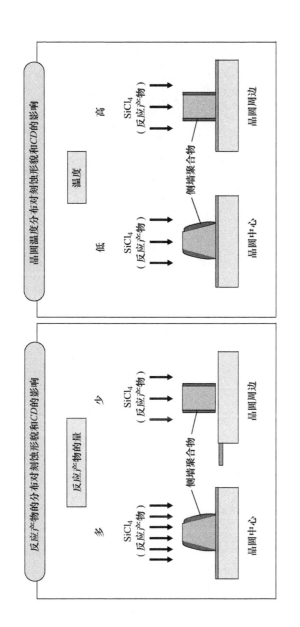

图 3-2 反应产物的分布和晶圆温度分布对刻蚀形貌和 CD 的影响

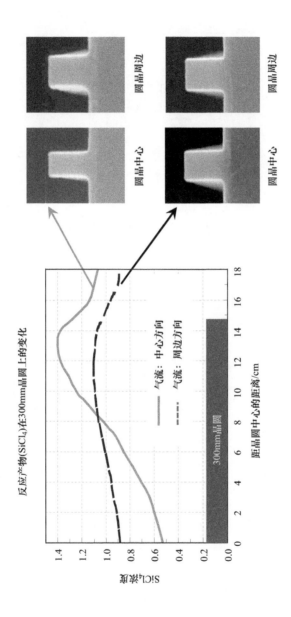

图 3-3 气流方向对于 CD 的影响 [5]

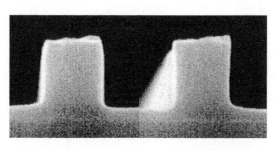

静电卡盘温度
中心/周边
30℃/30℃

卡盘中心　　　　　　　　卡盘周边

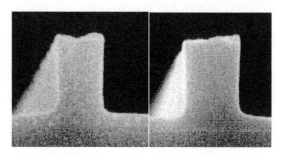

静电卡盘温度
中心/周边
50℃/30℃

卡盘中心　　　　　　　　卡盘周边

图 3-4　静电卡盘（ESC）温度对 CD 的影响 [5]

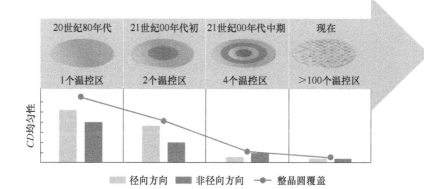

图 3-5　可调谐 ESC 的进展和 CD 均匀性的提高 [6]

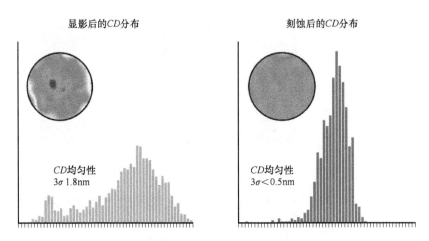

图 3-6   超过 100 个控温区域的可调谐 ESC 来改善 *CD* 的均匀性 [6]

如上所述，为了抑制 *CD* 在晶圆表面内的变化并获得良好的均匀性，需要精确地控制反应产物在图形上的粘附。综上所述，刻蚀机需要配备可调节吹气方向的机构和可调节晶圆表面温度分布的静电卡盘。

3.1.3 WSi_2/ 多晶硅的栅极刻蚀

WSi_2/ 多晶硅这种结构叫作多晶硅 - 硅化物栅，是 DRAM 常用的一种结构。DRAM 的栅极作为字线，这里之所以用 WSi_2 是为了降低字线的电阻。

WSi_2/ 多晶硅结构中的 WSi_2 和多晶硅都需要垂直无侧向刻蚀加工，难度较大。这里，将讲述 O_2 添加到 Cl_2 的工艺刻蚀示例 [7]。使用 ECR 等离子体刻蚀机作为刻蚀设备。刻蚀掩模为 CVD SiO_2。

图 3-7 显示了刻蚀速率和选择比与 O_2 浓度的相关性 [7]。伴随着 O_2 浓度增加，SiO_2 刻蚀速率降低，使得多晶硅 /SiO_2 选择比增加。此外，WSi_2 的刻蚀速率随着 O_2 浓度的增加而增加，在 O_2 浓度为 10% 时与多晶硅有相同的刻蚀速率。WSi_2 的刻蚀速率随着 O_2 浓度增加的原因是 $WOCl_4$ 的蒸气压大于 WCl_6 的蒸气

压 [8]。如果通过降低 RF 功率来降低离子能量，可以进一步提高选择比。

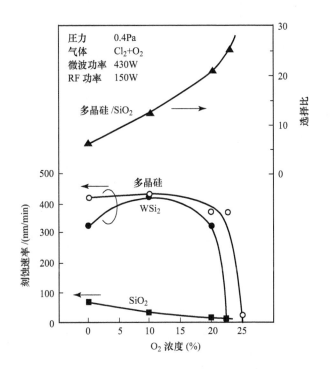

压力　　　0.4Pa
气体　　　$Cl_2 + O_2$
微波功率　430W
RF 功率　150W

多晶硅 /SiO_2

图 3-7　WSi_2、多晶硅、SiO_2 的刻蚀速率以及多晶硅 /SiO_2 选择比与 O_2 浓度的相关性 [7]

　　图 3-8 显示了 O_2 浓度为 10% 时的刻蚀速率和选择比与 RF 功率的相关性 [7]。负刻蚀速率代表膜沉积。SiO_2 刻蚀速率随着 RF 功率的降低而急剧下降。另一方面，多晶硅刻蚀速率在高达 80W 时不会显著下降。结果，多晶硅 /SiO_2 选择比随着 RF 功率降低而急剧增加。RF 功率在 80W 时，多晶硅 /SiO_2 选择比为 50，多晶硅的刻蚀速率是 400nm/min。RF 功率在 50W 以下时，多晶硅不发生刻蚀，反而在表面会沉积一层薄膜。当 RF 功率为 0W 时，薄膜的沉积速率为 4nm/min。结果，当 $Cl_2 + O_2$ 刻蚀时，WSi_2/ 多晶硅侧壁沉积了一层保护膜。这是因为 RF 功率为 0W 时的刻蚀速率相当于离子无法入射的被刻蚀材料侧壁的刻蚀速率。

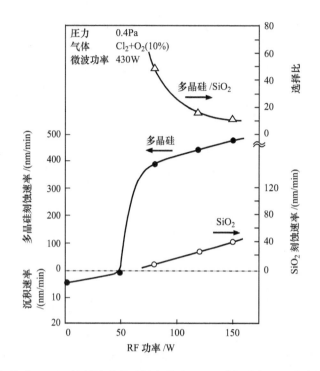

图 3-8   多晶硅、SiO₂ 的刻蚀速率以及多晶硅 /SiO₂ 选择比与 RF 功率的相关性 [7]

图 3-9 为只用 Cl_2（O_2 浓度为 0%）与 Cl_2 中加入 10% 的 O_2 的刻蚀形状对比 [7]。RF 功率为 80W。当 O_2 浓度为 0% 时，观察到侧面刻蚀；但当 O_2 浓度增加至 10% 时，获得陡直加工形状，与 SiO_2 掩模相比没有尺寸偏移。这是因为加入 O_2 刻蚀时，反应产物附着在侧壁上，起到了保护侧壁的作用。侧壁保护膜的成分可以通过分析图 3-8 中 RF 功率为 0W 沉积的薄膜来预估。如上所述，RF 功率为 0W 时的形貌代表了刻蚀材料侧壁上的形貌。图 3-10 展示了俄歇电子能谱对该薄膜的分析结果。强烈检测到 O 和 Si 的峰，表明薄膜由 Si 和 O 组成。该结果表明，Si-O 的结合能大于 Si-Cl 的结合能（见表 3-1），因此氯基几乎不会腐蚀侧壁保护膜。由此，侧壁保护膜有效地保护了侧壁免受氯自由基的

侵蚀。结果，实现了各向异性刻蚀。

RF功率	80W	80W
刻蚀气体	Cl_2	$Cl_2+O_2(10\%)$
形貌		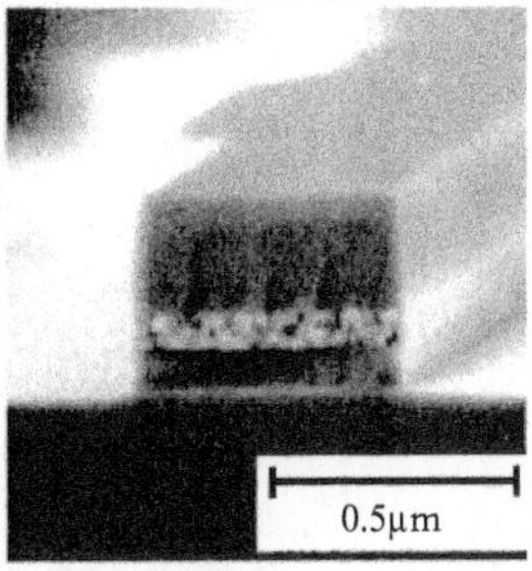
刻蚀速率	350nm/min	400nm/min
选择比 （多晶硅 /SiO_2）	9	50

图 3-9 Cl_2 和 Cl_2 /O_2（10%）刻蚀 WSi_2 / 多晶硅时的刻蚀形貌[7]

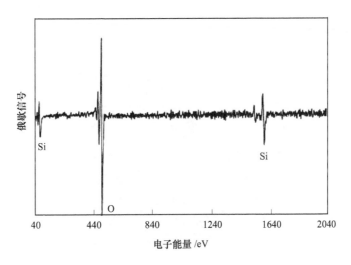

图 3-10 RF 功率为 0W、O_2 浓度为 10% 时，多晶硅表面沉积膜的俄歇电子偏光分析结果[7]

由于添加 O_2 而导致 SiO_2 刻蚀速率降低也被认为是由于反应产物 SiO_x 的沉积。图 3-7 中 O_2 浓度为 25% 以上时，出现触发停止，并在晶圆表面观察到沉积膜。俄歇电子能谱显示该沉积膜也是 SiO_x[7]。由此推断，由于添加 O_2 导致的 SiO_2 刻蚀速率的降低是由于 SiO_x 的沉积。

如上所述，O_2 的添加不仅具有增加 WSi_2 的刻蚀速率，以及多晶硅 /SiO_2 选择比的作用，还被发现具有形成侧壁保护膜和促进各向异性刻蚀实现的作用。

3.1.4　W/WN/ 多晶硅的栅极刻蚀

随着 DRAM 尺寸越来越细，WSi_2 逐渐被电阻更低的 W 取代。栅结构为 W/WN/ 多晶硅，称为多金属栅极。这种结构的刻蚀虽然可以用类似 WSi_2/Poly-Si 的方法处理，但由于 W 中没有含 Si，使用 Cl_2 进行刻蚀比 WSi_2 更困难。最有效的方法是通过提高晶圆温度来增加作为反应产物的 W 氯化物的蒸气压 [9]，或者直接添加氟基气体生成较高蒸气压的 W 氟化物。高温刻蚀的例子如图 3-11 所示 [9]。使用 Cl_2 + O_2（12%）气体系的 ECR 等离子体刻蚀机进行 100℃ 下 W/WN 刻蚀，获得了与掩模没有尺寸偏移的垂直加工形状。

图 3-11　W/WN/ 多晶硅栅极的高温刻蚀 [9]（ W/WN 100℃刻蚀 ）

3.1.5　Si 衬底刻蚀

Si 衬底刻蚀的代表性例子是 STI 和 TSV（Through Si Via，硅通孔）。STI 如第 1 章 DRAM 制造流程中所述，用于器件之间的隔离，并且在逻辑器件和存储器件中都有使用。基本上多晶硅的刻蚀法可以直接使用。刻蚀气体使用基于 Cl_2 和 HBr 的气体系统。TSV 是制作三维器件的贯通连接，是一种在三维空间形成大宽深比的深孔的工艺。这将在第 6 章中说明。

3.2　SiO_2 刻蚀

SiO_2 刻蚀涉及广泛的工艺范围，包括接触孔和连接孔等与孔相关的刻蚀，STI 和栅极的硬掩模刻蚀，以及第 6 章中描述的大马士刻蚀。SiO_2 刻蚀也是刻蚀材料时用到最多的工艺。

SiO_2 刻蚀与 Si、多晶硅和 Al 等导电薄膜相比，是机理更为复杂的刻蚀，用于刻蚀的等离子体源也不同。因此，首先对 SiO_2 刻蚀的机理进行说明。

3.2.1　SiO_2 刻蚀机理

SiO_2 的刻蚀需要 C 和 F，刻蚀基本气体是含 C 和 F 的碳氟化合物。此外，为了获得与衬底 Si 的高选择比，使用碳氟化合物中混合有 H_2 或者 H 气体的气体系统。下面将解释其原因。

图 3-12 显示了 SiO_2 在 H_2 与 CF_4 混合的系统中的刻蚀机理[10]。CF_4 在等离子体中解离成 CF_3^+ 离子、CF_3 自由基（$CF_3^{\cdot}$）、F 自由基（$F^{\cdot}$）。H_2 产生了 H 自由基（$H^{\cdot}$）。首先，阐述一下 SiO_2 表面的反应。在 SiO_2 上吸附的 CF_3 自由基由于 CF_3^+ 离子轰击而离解成 C 和 F。如 3.1.1 节所述，由于 C-O 的结合能大于 Si-O 的结合能，C 与 SiO_2 中的 O 反应变成 CO 挥发了。结合能较弱的 Si，与

F 反应并以 SiF$_4$ 的形式挥发。以这种方式进行 SiO$_2$ 的刻蚀。也就是说，由于 SiO$_2$ 的构成原子为 O，因此与 O 反应生成挥发性物质的 C 始终需要存在于刻蚀气体中。这就是使用含有 F 和 C 的碳氟化合物作为基础气体的原因。

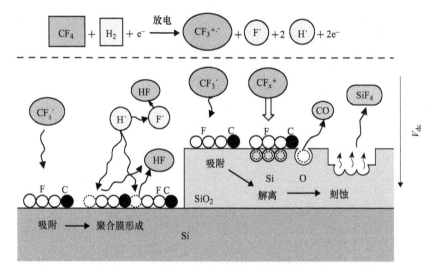

图 3-12　用 CF$_4$ + H$_2$ 气体刻蚀 SiO$_2$ 的机理 [10]

接下来，将讨论 Si 表面上的反应。对于吸附在 Si 表面上的 CF$_3$，发生由 H 自由基抽取 F 的反应，形成碳氟的聚合膜（聚合物）。由于 Si 表面覆盖有聚合物，因此阻碍了 F 自由基对 Si 的刻蚀。此外，在气相中，H 自由基与 F 自由基反应还原成 HF 自由基，作为 Si 刻蚀剂的 F 自由基减少了，这被称为"清除效应"。这两个效应减慢了 Si 衬底的刻蚀速率，并且能够以高选择比进行 SiO$_2$/Si 刻蚀。以上就是在刻蚀气体中需要 H 的原因。图 3-13 显示了 SiO$_2$、Si 和光刻胶的刻蚀速率与 H$_2$ 浓度的相关性 [11]。可以看出，随着 H$_2$ 浓度增加，Si 的刻蚀速率急剧下降。由于 SiO$_2$ 的刻蚀速率没有下降太多，SiO$_2$/Si 的选择比随着 H$_2$ 浓度的增加而增加。在 H$_2$ 浓度为 40% 时，SiO$_2$/Si 选择比提高到约 10。光刻胶的刻蚀速率也显示出类似的趋势，SiO_2/ 光刻胶的选择比在 H_2 浓度为 40% 时提高到约 10。

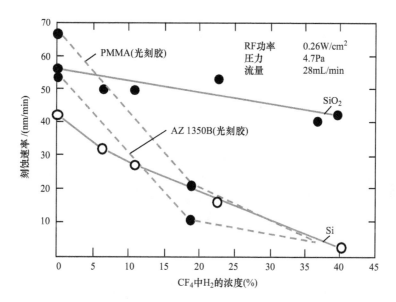

图 3-13　SiO_2、Si 和光刻胶的刻蚀速率与 H_2 浓度的相关性（CF_4+H_2 混合气体等）[11]

类似于上面的效果，本身就包含了 H 的 CHF_3 等气体也可以被使用。CHF_3 是一种非常流行的 SiO_2 刻蚀气体。此外，将在下一节讨论，对于具有较高 C 占比的气体，选择比往往更高。最近 C_2F_6、C_3F_8、C_4F_8、C_5F_8 等碳氟气体经常被使用。

3.2.2　SiO_2 刻蚀的关键参数

接下来介绍一下 SiO_2 刻蚀的关键参数。控制 SiO_2/Si 选择比和 SiO_2/ 光刻胶选择比的关键参数是 CF_2/F 比。选择比随着 CF_2/F 比的增加而增加[12]。图 3-14 显示了一个实验的结果，该实验研究的是什么控制了 F 和 CF_x 的比率 F/CF_x[13]。在这个实验中，使用的气体是 C_4F_8/O_2/Ar。从图中可以看出，F/CF_x 取决于粒子

停留时间 τ 和电子密度（等离子体密度）n_e 的乘积 τn_e，随着 τn_e 的增加而增加。

电子和分子之间的碰撞次数由下式表示。

$$\xi = \tau n_e < \sigma v > \tag{3.1}$$

式中，τ 是粒子停留时间；n_e 是电子密度（等离子体密度）；σ 是碰撞截面积；v 是电子速度。

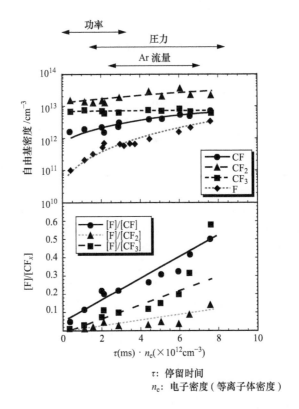

τ: 停留时间

n_e: 电子密度（等离子体密度）

图 3-14 $C_4F_8/O_2/Ar$ 等离子体中 F/CF_x 比，自由基密度与停留时间和电子密度乘积的关系[13]

换句话说，图 3-14 的意思是停留时间 τ 越长，电子密度（等离子体密度）n_e 越高，电子和分子之间的碰撞次数就越多，C_4F_8 解离也就越严重，意味着 F 会增加，即 F/CF_x 会增加。正如开头所说，考虑到 CF_2/F 是对 Si 的选择比的指标，τ

的值越大，n_e 越大，CF_2/F 就越小。这是选择比降低的趋势。换句话说，在 SiO_2 的刻蚀中，通过缩短粒子的停留时间和不使用过高等离子体密度可以获得高选择比。因此，高密度等离子体不适用于 SiO_2 刻蚀，一般采用中密度等离子体。我们将在第 4 章中详细说明，中密度等离子体的窄间隙平行板型刻蚀机适用于刻蚀 SiO_2。

接着，粒子的停留时间 τ 用下式表示：

$$\tau = \frac{PV}{Q} \qquad (3.2)$$

式中，P 是压力；V 是等离子体体积；Q 是排气量。

换句话说，为了减小 τ，最好减小等离子体体积，增加排气量，降低压力。腔体采用电极间隙窄的窄间隙平行板型刻蚀机，可减小等离子体体积。

图 3-15 显示了电极间距对 C_4F_8 解离、SiO_2/Si 选择比和 $SiO_2/$ 光刻胶选择比的影响。随着电极间距的增加，等离子体体积增加，导致 τ 的增加和 C_4F_8 的解离。结果，CF_2/F 减小，选择比降低。换句话说，为了获得高选择比，电极间距应该窄。通常使用 $25 \sim 30mm$ 的电极间距。图 3-16 显示了 Ar 流量对 C_4F_8 解离、SiO_2/Si 选择比和 $SiO_2/$ 光刻胶选择比的影响。当压力一定时，随着 Ar 流量的增加，根据式（3.2），τ 变小，C_4F_8 解离得到抑制。结果，CF_2/F 变大，选择比变高。

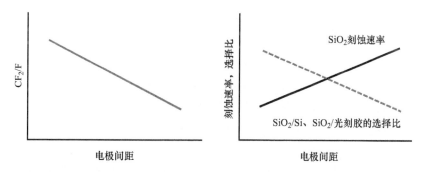

图 3-15　电极间距对 C_4F_8 解离、SiO_2/Si 选择比和 $SiO_2/$ 光刻胶选择比的影响

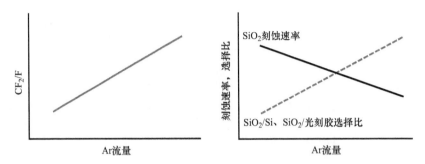

图 3-16   Ar 流量对 C_4F_8 解离、SiO_2/Si 选择比和 SiO_2 / 光刻胶选择比的影响

曾经 SiO_2 刻蚀尝试使用 ICP 或 ECR 等高密度等离子体进行。然而，它们都没有获得足够的选择比，最终只好使用窄间隙平行板型刻蚀机进行 SiO_2 的刻蚀。我想你可以从上面的解释中明白其中的原因。

在腔室壁和上部电极表面，如图 3-17 所示，正在发生消耗 F、释放 CF_2 的反应[14]。据报道，CF_2 释放的反应由于温度和偏压而加速[15, 16]。当上部电极被加热或施加偏压时，SiO_2/Si 选择比和 $SiO_2/$ 光刻胶选择比提高。图 3-18 比较了上部电极温度为 180℃和 75℃时的 SiO_2 刻蚀后的截面图[14]，可以看出 180℃时光刻胶残留更多一些。因此，在 SiO_2 刻蚀中，腔室壁和上部电极的表面状态控制非常重要。

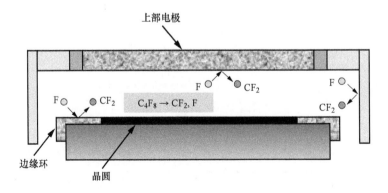

图 3-17   腔室壁的反应[14]

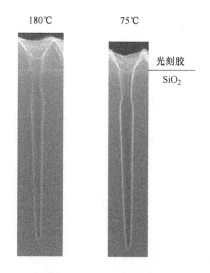

图 3-18　上部电极温度对光刻胶选择比的影响[14]

如 3.2.1 节中所述，通过在 Si 表面形成聚合物以降低 Si 刻蚀速率，可以获得 SiO_2/Si 高刻蚀选择比。为了在 Si 表面形成聚合物，除了增加气体的浓度外，离子加速电压的设置也很重要。图 3-19 显示了 SiO_2、Si 的刻蚀速率和 SiO_2/Si 选择比与 V_{max}（最大离子加速电压）的相关性[17]。在单独使用 C_4F_8 的情况下，虽然刻蚀 SiO_2、Si 的速率随 V_{max} 的增加而增加，但 SiO_2/Si 的选择比小且与 V_{max} 无关。为提高 SiO_2/Si 选择比，加入 30% 的富氢 CH_3F 时，F 自由基数量以 HF 的形式减少，且 CH、CF 系聚合物沉积在 Si 表面显著降低了 Si 的刻蚀速率而提高了选择比。V_{max} 越小，这种效果就越明显，V_{max} 降低到 200V 以下时，Si 表面完全被聚合物覆盖而完全不被刻蚀。也就是说，选择比无限大。但是，由于 SiO_2 的刻蚀速率也降低了，所以在实际工艺时，为了兼顾刻蚀速率和选择比，离子能量的综合考虑也是十分有必要的。

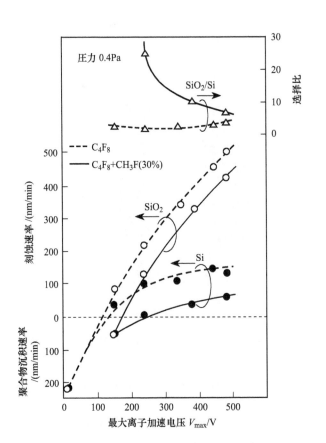

图 3-19　SiO_2、Si 的刻蚀速率和 SiO_2/Si 选择比随最大离子加速电压 V_{max} 的变化 [17]

3.2.3　SAC 刻蚀

SAC（Self-Aligned Contact，自对准接触）刻蚀如图 3-20 所示，在栅极之间开接触孔时，用于刻蚀截止的 Si_3N_4 盖在栅极上面，接触孔和栅极即使发生错位也不会短路。使用该技术使得对准的余量得以扩大，从而减小芯片尺寸。

SAC 刻蚀的重点是如何提高 SiO_2/Si_3N_4 的选择比。在 SAC 刻蚀中，常使用 C_4F_8 和 CO 混合的气体系统。图 3-21 显示了当 CF_2^+ 离子和 $C_2F_4^+$ 离子照射到 SiO_2 和 Si_3N_4 时，刻蚀产率的测量结果 [18]。刻蚀产率定义为刻蚀 Si 原子数除以入射离子数。$C_2F_4^+$ 离子相比 CF_2^+ 离子，SiO_2 的刻蚀产率更高，可以获得更大的 SiO_2/Si_3N_4 选择比。特别地，当离子能量降低至 200eV 以下时，聚合物沉积导致 Si_3N_4 的刻蚀速率显著降低，SiO_2/Si_3N_4 的选择比达到了 80。图 3-22 显示了 C_4F_8 等离子体与混合 C_4F_8 和 CO 的等离子体中离子种类浓度的测试结果[18]。可以看出，C_4F_8 中混合 CO 后 CF_2^+ 的浓度降低，$C_2F_4^+$ 的浓度增加。在使用磁控管 RIE（该装置将在第 4 章中说明）进行刻蚀时，相比于单独使用 C_4F_8，在 C_4F_8 中混合 CO 可以提升 SiO_2/Si_3N_4 选择比，达到 15[18]。

此外，C_5F_8 作为 C_4F_8 的替代气体也备受瞩目。曾报道过使用磁控管 RIE 在 C_5F_8/O_2 气体体系中获得 SiO_2/Si_3N_4 选择比高达 21 的案例[19]。据该报道称，由于富 C 外加三维的 C-C 结合形成了具有耐等离子体的良好性能的聚合物，因此可以获得高选择比。

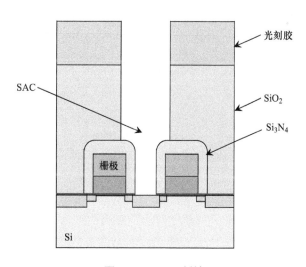

图 3-20　SAC 刻蚀

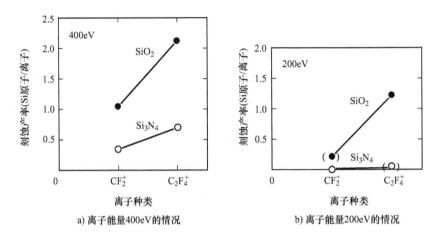

a) 离子能量400eV的情况　　　　b) 离子能量200eV的情况

图 3-21　CF_2^+、$C_2F_4^+$ 离子辐照 SiO_2 和 Si_3N_4 的刻蚀产率 [18]

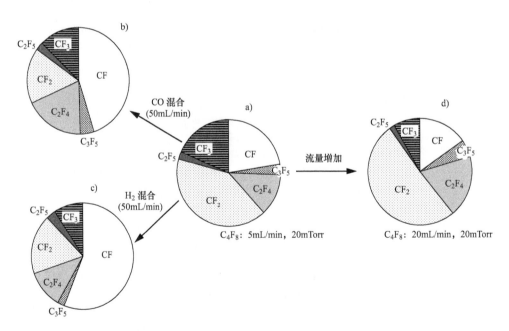

图 3-22　C_4F_8 等离子体及 C_4F_8 混合 CO、H_2 的等离子体中各种离子的浓度 [18]

3.2.4　侧墙刻蚀

最后，将讨论侧墙刻蚀。侧墙刻蚀是在栅极的侧壁上形成绝缘膜间隔物的刻蚀。如第 1 章中 DRAM 工艺流程中所述，侧墙用于形成稍微远离栅极的源极 / 漏极区域。它也适用于多重图形化，这在第 6 章的 6.6 节中有描述。侧墙刻蚀是利用各向异性刻蚀特性的工艺。流程如图 3-23 所示。

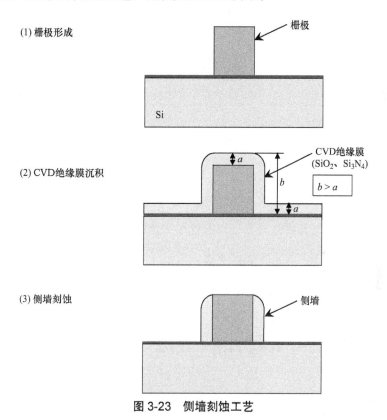

图 3-23　侧墙刻蚀工艺

（1）形成栅极后，（2）通过 CVD（Chemical Vapor Deposition，化学气相沉积）法沉积绝缘膜，如 SiO_2 或 Si_3N_4。（3）继续各向异性刻蚀。栅极侧壁上的绝缘膜的垂直厚度较厚，CVD 绝缘膜不被刻蚀，而形成侧墙。

3.3 布线刻蚀

逻辑器件使用多层布线结构。层数多，有将近 10 层。因此，布线工序在全部工序中占有非常大的比重。但是，正如第 6 章中所详述的那样，大马士革布线开始代替 Al 布线在逻辑器件中使用，多层布线的顶层和焊盘还会少量使用 Al 布线。由于图案尺寸也很大，因此不需要那么多的微细加工。DRAM、闪存等存储器件依然采用 Al 布线，因为层数少，只有两层或三层。Cu 大马士革布线也正在被引入闪存器件中，至少有一层已经被 Cu 大马士革布线所取代。因此，Al 线刻蚀占刻蚀工序总数的比例在下降。

3.3.1 Al 布线刻蚀

正如第 2 章 2.3.4 节所述，Al 刻蚀采用 Cl_2 基气体。Cl 自由基以非常高的速率刻蚀 Al 本身。然而，由于 Al 非常容易被氧化，因此通常会在表面形成氧化膜 Al_2O_3，从而阻碍刻蚀。为了去除这种表面氧化物，混合了 BCl_3 强还原剂。因此，Cl_2+BCl_3 是 Al 刻蚀的基本气体。

从抗电迁移的角度来看，Al 布线材料的结构采用了 Al 合金和阻挡层金属的叠层金属结构。在多层金属中，有时会在 Al 合金上形成一层薄膜作为抗反射膜。具体结构类似 TiN/Al-Si-Cu/TiN 和 TiW/Al-Si-Cu/TiW 等三明治结构。

所谓的微负载效应，不同图形的侧向刻蚀量不同，是 Al 刻蚀中的一个问题。图 3-24 显示了微负载效应的实验结果[20]。如图 3-24a 所示，一个布局为 75mm × 45mm 的矩形图形，延伸出来 4μm 的测试图形，图 3-24b 为线上各位置 Al 的侧向刻蚀（Undercut）量检测结果。设备是平行板型 RIE，压力为 47Pa。从图 3-24b 可以看出，随着距矩形图形距离的增加，侧向刻蚀量增加。离矩形图形远的地方，由于来自光刻胶的聚合物供应量少使得侧壁保护膜薄，因此发生侧向刻蚀。图中虚线表示 UV 固胶的光刻胶情况，侧向刻蚀量较大。UV 固化指的是在用 UV 光照射的同时加热光刻胶，通过减少聚合物的供应量来增加光刻胶的选择比，并导致侧向刻蚀量增加。由于来自光刻胶的聚合物供应减少而发生侧向刻蚀的现象，导致在实际器件图形中，光刻胶掩模面积小于刻蚀面积的区域。这种现象在压力高时尤为明显。为了防止这种情况，最好降低工作压力并增加离子的直线度。这是因为即使侧壁保护膜薄，也可以进行各向异性刻蚀。刻蚀方法包括低压下工作的 ECR 等离子体和 ICP 是有效的。图 3-25 显示了将一半晶圆涂上光刻胶，图形的侧向刻蚀量如何根据距光刻胶的距离而变化[21]。ECR 等离子体刻蚀机使用的压力是 2Pa。可以看出，在距离光刻胶 5 ~ 40mm 区间，形状和侧向刻蚀量几乎没有变化。另一种防止侧向刻蚀的措施是通过添加气体来加强侧壁保护膜。例如，如果加入 CH 型添加气体，产生类光刻胶聚合物附着在侧壁上，因此可以加强侧壁保护膜。

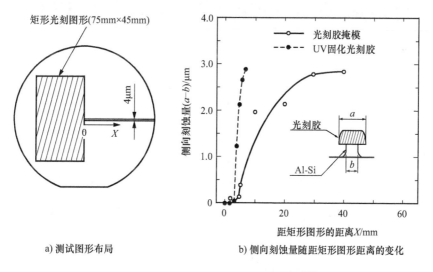

a) 测试图形布局   b) 侧向刻蚀量随距矩形图形距离的变化

图 3-24 Al-Si 刻蚀中的微负载效应[20]

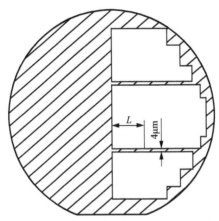

刻蚀的截面形状

$L=5\text{mm}$　　　　　$L=20\text{mm}$　　　　　$L=40\text{mm}$

图 3-25　Al-Si-Cu 薄膜的加工受光刻胶的影响 [21]

注：L 为距光刻胶边缘的距离。

图 3-26 为 ECR 等离子体在压力为 1.3Pa 的 Al-Si-Cu 刻蚀中，V_{dc}、Al-Si-Cu 刻蚀速率与侧向刻蚀量的关系 [22]。从图中可以看出，通过改变 V_{dc} 可以在不改变刻蚀速率的情况下控制侧蚀量。图 3-27 显示了使用 ECR 等离子体刻蚀机刻蚀多层金属结构的示例 [23]。结果表明已经实现了层间无台阶的各向异性刻蚀。在阻挡层金属中，TiN 可以用 Cl_2 刻蚀，因此加工相对容易。另一方面，由于 W 占 TiW 成分的 80%～90%，其刻蚀特性与 W 接近，刻蚀需要 F 基气体。

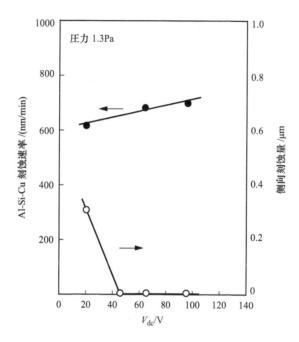

图 3-26　Al-Si-Cu 刻蚀速率和侧向刻蚀量随 V_{dc} 的变化 [22]

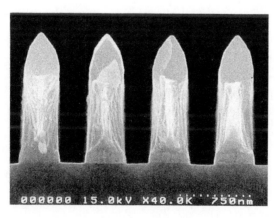

图 3-27　Al-Si-Cu 多层金属结构的刻蚀示例 [23]

3.3.2 Al 布线的防后腐蚀处理技术

Al 刻蚀的另一个重点是防腐处理技术。Al 刻蚀后，将残留 Cl 较多的晶圆取出放到空气中，经常会发生后腐蚀。这是因为残留 Cl 与大气中的水分生成 HCl。在含有 Cu 的 Al 合金中，Cl^+ 离子很容易破坏 Cu 氧化膜，而发生局部电化学作用，并且进行腐蚀。TiN/Al-Si-Cu/TiN 和 TiW/Al-Si-Cu/TiW 等叠层结构间存在不同金属而增加了局部电化学作用，因此具有额外的腐蚀潜力。在任何情况下，重要的是彻底清除晶圆上残留的 Cl 以防止后腐蚀[24]。图 3-28 显示了在每个刻蚀过程中检查晶圆上残留 Cl 的结果[25]。刻蚀后粘附在晶圆上的大量 Cl 可以通过使用去除光刻胶的灰化设备来去除 99% 以上。之后进行湿法处理，几乎达到刻蚀前的水平。使用配有不破坏真空就能去除光刻胶的灰化装置的刻蚀设备，如果 Al 合金中 Cu 含有约 1% 的话，去除光刻胶就足以防止腐蚀。对于具有阻挡金属的叠层结构，增加用纯水清洗步骤是有效的。

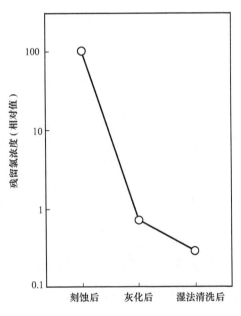

图 3-28 Al-Si-Cu 刻蚀工艺各步骤在晶圆上残留氯浓度[25]

3.3.3 其他布线材料的刻蚀

其他布线材料是 W 和 Cu。W 用作存储器件布线的一部分。3.1.4 节中描述的 W/WN/ 多晶硅栅极的类似方法可应用于 W 刻蚀。

Cu 刻蚀非常困难。从第 2 章表 2-3 中的数据可以推断，Cu 的卤化物极难挥发，晶圆温度需要相当高才能进行刻蚀。虽然已经报道了在 350℃使用 Cl_2+N_2[26] 和在 280℃使用 $SiCl_4+N_2+Cl_2+NH_3$[27] 的示例，但存在诸多问题，如需要高温静电卡盘，需要对设备各部分进行加热，以防止反应产物附着在腔体和排气系统上。因此一直没有将 Cu 布线刻蚀投入实际使用。目前，第 6 章中描述的大马士革技术用于 Cu 布线的形成。

3.4 总结

本章重点介绍了栅极刻蚀、SiO_2 刻蚀、Al 合金叠层金属结构刻蚀等半导体制造工艺中的关键技术。在这里，我们并没有拘泥于单个技术，而是解释了刻蚀的参数及其控制方法，以便读者能够理解它们。半导体的进步是无止境的，未来有望推出新材料。到时候重要的不是对症治疗，而是返本归真。我们希望读者能理解第 2 章解释的"干法刻蚀的机理"和本章解释的"各种材料刻蚀"的基本思考方法，并将其应用于未来刻蚀技术的发展。

参 考 文 献

[1] 野尻一男，定冈征人，東英明，河村光一郎：第 36 回春季应用物理学会講演予稿集（第 2 分冊），p.571（1989）.

[2] M. Nakamura, K. Iizuka & H. Yano：Jpn. J. Appl. Phys. 28, 2142（1989）.

[3] S. Ramalingam, Q. Zhong, Y. Yamaguchi & C. Lee：Proc. Symp. Dry Process, p.139（2004）.

[4] S. Tachi, M. Izawa, K. Tsujimoto, T. Kure, N. Kofuji, R. Hamasaki, & M. Kojima：J. Vac. Sci.

Technol. A 16, 250（1998）.

[5] C. Lee, Y. Yamaguchi, F. Lin, K. Aoyama, Y. Miyamoto & V. Vahedi : Proc. Symp. Dry Process, p.111
（2003）.

[6] S. Hwang and K. Kanarik: Solid State Technol., p.16, July（2016）.

[7] K. Nojiri, K. Tsunokuni & K. Yamazaki : J. Vac. Sci. Technol. B 14, 1791（1996）.

[8] T. P. Chow & A. J. Steckl : J. Electrochem. Soc. 131, 2325（1984）.

[9] K. Nojiri, N. Mise, M. Yoshigai, Y. Nishimori, H. Kawakami, T. Umezawa, T. Tokunaga & T. Usui :
Proc. Symp. Dry Process, p.93（1999）.

[10] 堀池靖浩：第 19 回半導体専門講習予稿集，p.193（1981）.

[11] L. M. Ephrath : J. Electrochem. Soc. 126, 1419（1979）.

[12] 伊澤勝，横川賢悦，山本清二，根岸伸幸，桃井義典，堤貴志，辻本和典，田地新一：第 46 回応
用物理学関係連合講演会講演予稿集 , p.793（1999）.

[13] T. Tatsumi, H. Hayashi, S. Morishita, S. Noda, M. Okigawa, N. Itabashi, Y. Hikosaka & M. Inoue :
Jpn. J. Appl. Phys. 37, 2394（1998）.

[14] K. Nojiri: Advanced Metallization Conference Tutorial, p.92（2017）.

[15] S. Ito, K. Nakamura & H. Sugai : Jpn, J. Appl. Phys. 33, L1261（1994）.

[16] M. Mori, S. Yamamoto, K. Tsujimoto, K. Yokogawa & S. Tachi : Proc. Symp. Dry Process, p.397
（1997）.

[17] K. Nojiri & E. Iguchi : J. Vac. Sic. & Technol. B 13, 1451（1995）.

[18] T. Sakai, H. Hayashi, J. Abe, K. Horioka & H. Okano : Proc. Symp. Dry Process, p.193（1993）.

[19] Y. Ito, A. Koshiishi, R. Shimizu, M. Hagiwara, K. Inazawa & E. Nishimura : Proc. Symp. Dry
Process, p.263（1998）.

[20] I. Hasegawa, Y. Yoshida, Y. Naruke & T. Watanabe : Proc. Symp. Dry Process, p.126（1985）.

[21] 川崎義直，西海正治，奥平定之，掛樋豊：日立評論，第 71 巻，5 号 p.33（1989）.

[22] 定岡征人 , 野尻一男 , 広部嘉道 , 福山良次：48 回秋季応用物理学会講演予稿集（第 2 分冊），
p.469（1987）.

[23] N. Tamura, K. Nojiri, K. Tsujimoto, K. Takahashi : Hitachi Review 44（2）, 91（1995）.

[24] A. Hall & K. Nojiri : Solid State Technol. 34（5）, 107（1991）.

[25] 野尻一男：「0.3μm プロセス技術」トリケップス社，p.163（1994）.

[26] 星野和弘，中村守孝，八木春良，矢野弘，土川春穂：第 36 回春季応用物理学会講演予稿集
（第 2 分冊），p.570（1989）.

[27] K. Ohno, M. Sato & Y. Arita : Ext. Abstr. Int. Conf. Solid State Devices and Materials, p.215（1990）.

第4章

干法刻蚀设备

本章首先介绍干法刻蚀设备的历史，然后对目前用于制造 LSI 的干法刻蚀设备，即桶式等离子体刻蚀机、CCP 等离子体刻蚀机、磁控管 RIE、ECR 等离子体刻蚀机、ICP 等离子体刻蚀机从等离子体产生原理、等离子体密度、工作压力范围、主要特性等方面进行了详细介绍。最后，介绍了在干法刻蚀系统中起着重要作用的静电卡盘。

4.1   干法刻蚀设备的历史

干法刻蚀设备最初是作为湿法刻蚀的替代品，其采用的系统是在圆柱形石英管周围放置电磁感应线圈或电容耦合电极以产生等离子体，称为桶式等离子体刻蚀机。1968 年首次应用于半导体相关材料，但由于加工精度较差，多用于如光刻胶灰化、晶圆背面膜去除、焊盘绝缘膜刻蚀等对于加工精度要求不高的工艺中。

从 3μm 工艺的 64KB DRAM 开始，干法刻蚀技术才作为加工技术在半导体制造工艺中得到了真正的应用。所用设备为被称作 CCP 的平行板型干法刻蚀设备，通过电容耦合产生等离子体。这种刻蚀设备也被称为 RIE，已经成为干法刻蚀的代名词。从那以后，进行了许多改进，广泛用于加工多晶硅、绝缘薄膜、Al 布线等材料。最初，批处理系统用于一次处理大量晶圆。随着晶圆直径的增大和高精度加工的要求，桶式设备无法满足需求，出现了将晶圆一张一张加工的单晶圆干法刻蚀设备。单晶圆刻蚀系统必须提高刻蚀速率才能获得与批处理系统相当的产量，其技术挑战就是如何提高等离子体的密度。

磁控管 RIE 最早作为提高单晶圆干法刻蚀设备等离子体密度的手段出现。该方法通过施加磁场来增加等离子体密度，也称为 MERIE（Magnetically Enhanced Reactivity Ion Etching，磁增强反应离子刻蚀）。该方法的问题在于等离子体密度的不均匀性往往会产生电荷积累效应导致氧化层介质损伤，随着器件微细化加工，只能在有限的工艺中使用。此外，与后面介绍的 ECR 和 ICP 相比，等离子体密度较低。

在 0.8μm 工艺 4MB DRAM 中，引入了 ECR 等离子体刻蚀机，利用磁场和微波的电子回旋共振产生高密度等离子体。日立将其作为量产设备商业化，并于 1985 年投放市场。可以在低压下获得高密度等离子体，离子能量可以独立于等离子体的密度进行控制等微细加工技术所需的各种优点，被广泛应用于栅极加工和 Al 布线的单片式高密度等离子体刻蚀机而风靡全球。日立将这种方法称为磁场微波等离子体，但在广义上属于 ECR 等离子体的范畴，因此在本书中将其统称为 ECR 等离子体。

ECR 等离子体刻蚀机需要大型电磁线圈来产生强磁场，存在腔室无法紧凑化的问题。然后出现的是 ICP 型刻蚀机。在这种方法中，将一个简单的线圈放置在腔室的上部，通过电磁感应产生高密度等离子体。即使没有大型电磁线圈，也可以获得与 ECR 相当的等离子体密度。类似 ECR，由于等离子体密度和离子能量控制可以独立进行，该系统逐渐确立了自身作为高密度等离子体单片式刻蚀设备的地位。ICP 型设备的代表是 Lam Research 于 1992 年投放市场的 TCP（Transform Couple Plasma，变压器耦合等离子体）等离子体刻蚀机。

目前，栅极材料和 Si、Al 布线等导电材料的微细加工需要使用 ECR 或 ICP 等高密度等离子体。另一方面，如第 3 章所述，高密度等离子体不适合 SiO_2 刻蚀，而是使用称为 CCP 型电极间距仅为 25 ~ 30mm 的平板型中等密度等离子体的刻蚀装置，或者上述磁控管 RIE。

如上所述，干法刻蚀技术作为图形加工技术从 CCP 的批处理方式开始，此后为应对晶圆直径增大和图形微细化等挑战经历了各种变化。为了增加直径，需要从批量式转移到单片式。为此，需要提高刻蚀速率，即提高等离子体的密度。此外，为了微细化图形加工，还需要降低工作压力。因此，毫不夸张地说，干法刻蚀技术的历史，就是以如何在低压范围内产生高密度等离子体为目标的技术革新史。

从下一节开始，将详细解释用于制造 LSI 的干法刻蚀设备。

4.2　桶式等离子体刻蚀机

图 4-1 和图 4-2 显示了桶式等离子体刻蚀机的截面图。桶式等离子体刻蚀机是在圆柱形石英管周围有一个电磁感应线圈（见图 4-1）或一对电容耦合电极（见图 4-2），施加 13.56MHz 的 RF 功率来产生等离子体的设备。图 4-1 是电感耦合产生等离子体方式，图 4-2 是电容耦合产生等离子体方式。石英管中放置约 50 片晶圆，大量晶圆同时进行等离子体处理。工作压力为 10 ~ 10^3Pa，如果进行刻蚀，因为它是一个自由基的反应，所以它是各向同性进行的。桶式等离子体刻蚀机最早是半导体制造过程中用于替代湿法刻蚀的设备，因为是各向

同性刻蚀，主要用于不要求加工精度的灰化、晶圆背面膜的去除和焊接盘的绝缘膜刻蚀等工艺。目前主要用于光刻胶的灰化工艺。

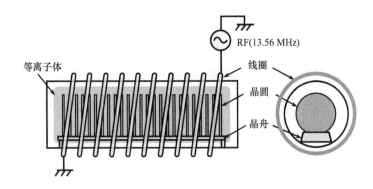

图 4-1　桶式等离子体刻蚀机（电感耦合型）

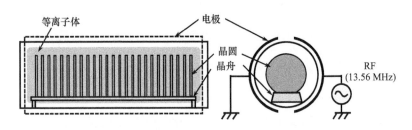

图 4-2　桶式等离子体刻蚀机（电容耦合型）

4.3　CCP 等离子体刻蚀机

图 4-3 显示了 CCP 等离子体刻蚀机的截面图。CCP（电容耦合型等离子体）是 Capacitively Coupled Plasma 的缩写，是一种通过在平行放置的一对电极之间施加 RF 功率来产生等离子体的方法。这种类型的刻蚀机也称为平行板型等离子体刻蚀机或 RIE，是首次作为成熟的图形处理技术使用的半导体制造设备。最初广泛用于多晶硅、绝缘膜、Al 布线等材料的加工，而后出现了所谓的高密度等离子体的 ECR 和 ICP 用于多晶硅和 Al 布线的加工。CCP 等离子体刻蚀机现

在广泛用于 SiO$_2$ 加工。作为 SiO$_2$ 刻蚀装置，使用电极间隔缩小到 25～30mm 的称为窄间隙平行板型的装置。工作压力最初在相对较高的压力范围，为 100～200Pa。但为了提高加工精度，逐渐在较低的压力范围内使用，现在已降低到 1Pa 附近。等离子体密度在 10^{10}cm^{-3} 的数量级。RF 通常施加低频和高频两种频率，高频为 27～60MHz，低频为 800kHz～2MHz。高频主要用于产生等离子体，低频用于离子能量控制。窄间隙平行板型刻蚀机的典型示例包括来自 Lam Research 和 Tokyo Electron 的设备。图 4-4 是 Lam Research 的 2300 Exelan 的截面图 [1]。

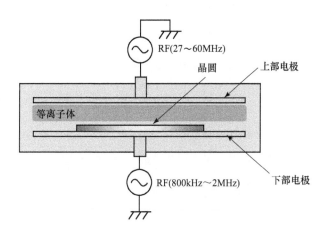

图 4-3　CCP 等离子体刻蚀机

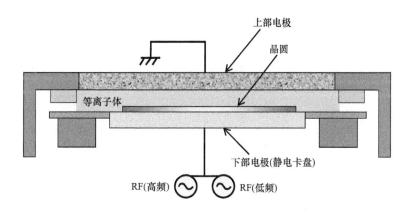

图 4-4　Lam Research 的 2300 Exelan[1]

4.4   磁控管 RIE

磁控管 RIE 是一种通过电场和磁场的相互作用使电子做回旋运动而获得高密度等离子体的方法。该装置的结构是将永磁体或电磁线圈形成的磁场加在平行板型 RIE 上。磁控管 RIE 的代表设备是 Tokyo Electron 的 DRM（Dipole-Ring Magnet，偶极环磁体）。图 4-5 显示了该装置的截面[2]，图 4-6 显示了磁控管放电的原理。当在垂直于鞘层电场（E）的方向，即平行于下部电极方向施加磁场（B）时，电子由于电磁场而接收洛伦兹力 $E \times B$，并在垂直于电场和磁场的方向移动并绘制摆线曲线。这增加了碰撞的可能性，从而产生高密度等离子体。磁控管 RIE 的工作压力范围约为 1Pa，等离子体密度为 $10^{10} \mathrm{cm}^{-3}$ 数量级。

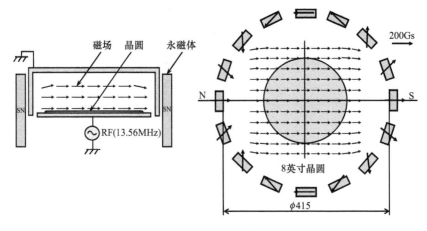

图 4-5   DRM[2]

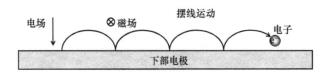

图 4-6   磁控管放电的原理

磁控管法的特点是即使在低压下也能产生高密度等离子体。由于等离子体形成和离子能量控制由 RF 电源来执行，因此离子能量和等离子体形成不能分别独立控制。并且，电子由于摆线运动而偏向一个方向，极难形成均匀的等离子体。后者会导致不均匀的刻蚀速率和由于电荷积累效应引起的栅氧化膜击穿等问题 [3]。通过扫描或旋转磁铁可以使刻蚀速率更均匀。然而，对于电荷积累效应产生的氧化膜损伤，即使通过旋转磁场也不能防止静磁场中的栅氧化膜击穿。据报道 [4]，虽然磁控管 RIE 可以通过优化磁场来防止栅氧化膜击穿，但是伴随着晶圆尺寸的加大，很难获得均匀的等离子体，可以应用的工艺正在减少。

4.5　ECR 等离子体刻蚀机

ECR 等离子体刻蚀机能够在低压下产生高密度等离子体，并且具有可以独立于等离子体形成密度进行离子能量控制等适用于微细加工的特征。日立等实用化的量产设备，作为用于栅极加工和 Al 布线的单片式高密度等离子体刻蚀设备一度风靡。ECR 是 Electro Cyclotron Resonance 的缩写，意为电子回旋共振。

图 4-7 显示了 ECR 等离子体刻蚀机的处理室配置 [5]，图 4-8 显示了 ECR 等离子体产生的原理。从磁控管发出的 2.45GHz 的微波在波导中传播，通过石英窗引入刻蚀腔室。腔体周围装有电磁线圈，电子在微波产生的电场和垂直于电场方向形成的磁场的作用下进行回旋运动。如果微波频率为 2.45GHz，磁通密度为 875Gs$^{\ominus}$时会发生电子回旋共振，碰撞概率增加，即使在低压下也能产生高密度等离子体。工作压力在 1Pa 左右，在此压力范围内可以获得 $10^{11} cm^{-3}$ 以上

$\ominus$　$1Gs = 10^{-4}T$。

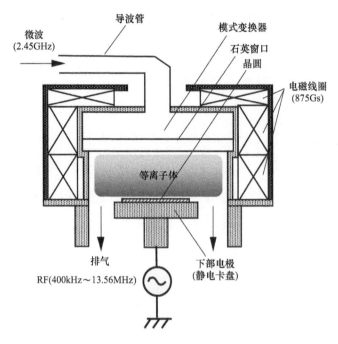

图 4-7   ECR 等离子体刻蚀机 [5]

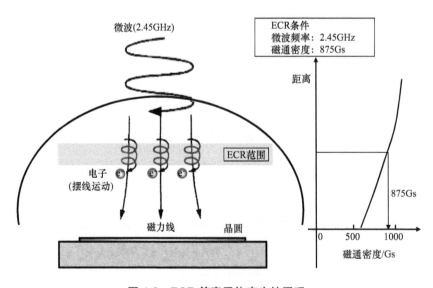

图 4-8   ECR 等离子体产生的原理

的高密度等离子体。通过下部电极施加 RF 电源，因为等离子体形成可以独立于离子能量，因此可能进行精确的刻蚀形貌控制。但是，由于 ECR 等离子体使用磁场，因此不同条件下可能会导致电荷积累损伤。这个问题可以通过降低施加到下部电极的 RF 频率来解决[3]。详细内容将在下一章中描述。

日立后来开发了一种 UHF-ECR 设备来替代微波，该设备使用频率约为 1/5 的 UHF 波段代替微波，并将磁场降低至约 1/5[6]。通过减小磁场，可以使设备紧凑，并降低电荷积累损伤的风险。

4.6　ICP 等离子体刻蚀机

ICP 是 Inductively Coupled Plasma（电感耦合型等离子体）的缩写。这种干法刻蚀系统主要是 Lam Research 的 TCP 等离子体刻蚀机和应用材料的 DPS（Decoupled Plasma Source，去耦等离子体源）[8]。图 4-9 是 TCP 等离子体刻蚀机的设备截面图[7]，图 4-10 是 TCP 等离子体产生的原理。一个螺旋感应线圈（TCP 线圈）安装在腔室顶部的绝缘板（TCP 窗口）上，13.56MHz 线圈用来连接产生等离子体的 RF 电源。当高频电流通过 TCP 线圈时会激发磁场。该磁场在腔室中激发电场，产生高密度等离子体。下部电极连接用于控制离子能量的 13.56MHz 的 RF 电源（下部功率），离子能量可以独立于等离子体形成进行控制。工作压力为 1Pa 左右，在此压力范围内可获得 $10^{11}\mathrm{cm}^{-3}$ 或以上的高密度等离子体。

ICP 等离子体刻蚀机无需像 ECR 等离子体刻蚀机那样的大型电磁线圈，即可获得高密度等离子体。现在，已成为栅极、Si（STI 等）、Al 布线等导电材料加工的主流刻蚀系统。

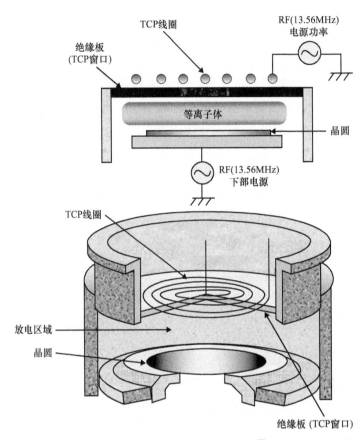

图 4-9　TCP 等离子体刻蚀机[7]

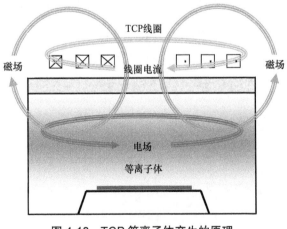

图 4-10　TCP 等离子体产生的原理

4.7　干法刻蚀设备实例

图 4-11 是 Lam Research 的 2300 系列干法刻蚀设备示例的照片。该设备是最新的 300mm 和 200mm 晶圆单片式干法刻蚀设备，适用于 Si、Al 等导电材料的 TCP 等离子体源，以及刻蚀 SiO_2 等绝缘膜材料的 CCP 等离子体源，是两种等离子体源的通用平台。图 4-11 右侧是设备的前面，有晶圆上下片区。图 4-11 的左后方是反应室（刻蚀腔室）。目前，半导体生产中使用的干法刻蚀设备的多个腔室被搭载到一个平台，以提高产量。配备多个腔室的多腔室系统很常见，多腔室截面如图 4-12 所示，该设备最多可以配置四个腔室，而且四个腔室都可以配置同一个等离子体源。无论是 TCP 和灰化，还是 TCP 和 CCP 都可以安装在同一平台上。

图 4-11　刻蚀设备的外观（Lam Research 2300® 系列）

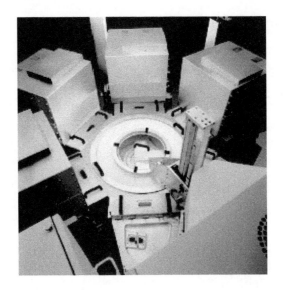

图 4-12　多腔室系统（Lam Research 2300® 系列）

4.8　静电卡盘

最后，将对在干法刻蚀系统中起重要作用的静电卡盘进行说明。静电卡盘的英文为 Electro-Static Chuck（ESC）。目前的刻蚀设备普遍采用静电卡盘作为下部电极。

随着刻蚀的进行，晶片被等离子体加热并且温度升高。如第 3 章 3.1 节所述，刻蚀形貌和 CD 在很大程度上受反应产物在刻蚀结构侧壁上的再沉积影响。由于反应产物的附着概率高度依赖于温度，因此高精度刻蚀需要对晶圆温度进行控制。静电卡盘利用静电使晶圆保持紧密接触，并在刻蚀过程中保持晶圆温度恒定。以前，机械夹持被用作使晶圆与电极紧密接触的方法。机械夹持通过用夹具机械地压住晶圆的边缘来使晶圆与电极紧密接触。结果导致晶圆中心的附着力不足，以及夹具接触的部分无法刻蚀等问题。静电卡盘可以避免这些问题，并且作为一种使晶圆紧密接触的方法在今天被广泛使用。

4.8.1　静电卡盘的种类及吸附原理

　　静电卡盘从结构上分类，有单极（Monopolar）型和双极（Bipolar）型两种类型。图 4-13 为截面结构及吸附原理。静电卡盘的原理可以概括为，在晶圆与电极之间施加正电荷和负电荷之间的引力（库仑力），晶圆被吸引到电极上。在单极型的情况下，晶圆被等离子体充电和吸附。换句话说，没有等离子体就不能发生吸附。另一方面，在双极型的情况下，晶圆在内部被极化并且吸附，所以不用等离子体也能吸附。

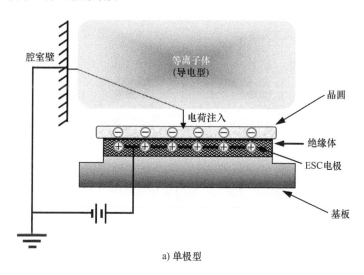

a) 单极型

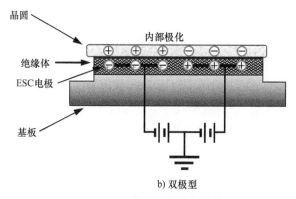

b) 双极型

图 4-13　静电卡盘的种类

　　根据材料的导电性差异，静电卡盘又分为库仑力型静电卡盘和约翰森－拉别克（Johnson-Rahbek）型静电卡盘两种。图 4-14a 和图 4-14b 分别显示了每个类型吸盘的截面图。库仑力型静电卡盘在晶片和 ESC 电极之间具有非导电绝缘体（电阻率 $>10^{15} \Omega \cdot cm$）隔离，电荷无法移动。绝缘体主要使用氧化铝陶瓷或者聚酰亚胺等制备。当 ESC 施加大约 3000V 的高电压时，晶圆背面会感应出极性相反的电荷，这些电荷之间作用的库仑力会吸附晶圆。库仑力型静电卡盘不移动电荷，因此具有良好的吸附和脱附响应性。但是，由于吸引力很小，所以吸引需要高电压。此外，电阻率与温度无关。

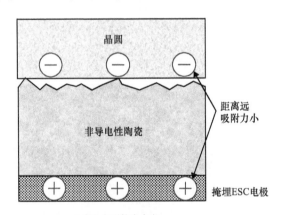

a) 库仑力型静电卡盘

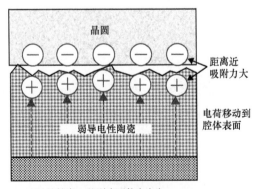

b) 约翰森－拉别克型静电卡盘

图 4-14　静电吸盘的种类（根据吸附原理分类）

约翰森 - 拉别克型静电卡盘是在晶圆和 ESC 电极之间插入具有一定导电性（电阻率 $>10^9 \sim 10^{12}\,\Omega \cdot cm$）的材料。所用材料为掺杂二氧化钛（$TiO_2$）等杂质的氧化铝陶瓷。当 ESC 施加电压时，电荷会向陶瓷移动并在表面聚集，由于正负电荷间的距离近，所以具有吸附力大的特点。但另一方面电荷转移需要时间，因此吸附和脱附的响应性较库仑力型静电卡盘差。此外，存在电阻率和温度的相关性。

图 4-15 显示了双极约翰森 - 拉别克型静电卡盘的电压施加顺序示例。实线表示对正极施加的电压，虚线表示对负极施加的电压。通过向每个电极施加约 1000V 的电压，电荷移动到陶瓷表面并在晶圆背面感应出相反极性的电荷。晶圆因这些正电荷和负电荷的相互吸引而被吸引。在刻蚀工艺过程中，晶圆被吸引并保持在大约 300V 的电压下。当晶圆剥离时，施加约 1000V 的反向电压以去除陶瓷表面的电荷。通常在解吸的过程中，使用除电等离子体去除残余电荷。

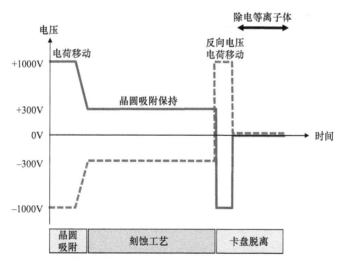

图 4-15　施加电压顺序（双极约翰森 - 拉别克型静电卡盘的示例）

4.8.2　晶圆温度控制的原理

晶圆温度控制是通过温控的下部电极（静电卡盘）与晶圆背面热接触来间接进行的。原理如图 4-16 所示。静电卡盘通过循环冷却器的冷却剂保持在一定温度。仅靠物理接触不足以将热量从静电卡盘传递到晶圆，因此在晶圆和静电卡盘之间填充 He 气体以帮助热传导。He 比空气或刻蚀气体轻，分子运动快，能够通过在晶圆和下部电极之间移动来带走热量。He 的导热系数约为空气或刻蚀气体的 6 倍，因此可以有效地传递温度。

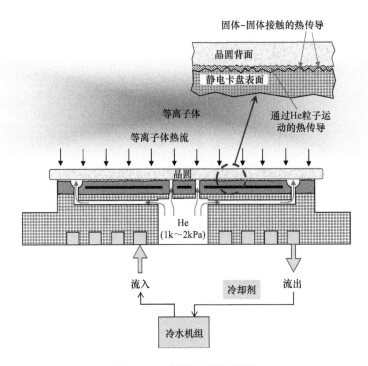

图 4-16　晶圆温度控制原理

刻蚀形貌和 CD 很大程度上取决于反应产物在刻蚀结构侧壁上的再沉积。反应产物的附着概率与温度高度相关。为了提高 CD 和刻蚀形貌的晶圆面内均匀性，控制晶圆面内的温度分布很重要，因此，最近，开发了如第 3 章 3.1.2 节中描述的可以控制晶圆面内温度分布的静电卡盘 [9, 10]。

参 考 文 献

[1] 野尻一男：Electronic Journal 90th Technical Symposium, p.89（2004）.

[2] M. Sekine, M. Narita, S. Shimonishi, I. Sakai, K. Tomioka, K. Horioka, Y. Yoshida & H. Okano：Proc. Symp. Dry Process, p.17（1993）.

[3] K. Nojiri & K. Tsunokuni：J. Vac Sic. Technol. B 11, 1819（1993）.

[4] S. Nakagawa, T. Sasaki & M. Mori：Proc. Symp. Dry Process, p.23（1993）.

[5] K. Nojiri, N. Mise, M. Yoshigai, Y. Nishimori, H. Kawasaki, T. Umezawa, T. Tokunaga & T. Usui：Proc. Symp. Dry Process, p.93（1999）.

[6] N. Negishi, M. Izawa, K. Yokogawa, Y. Morimoto, T. Yoshida, K. Nakamura, H. Kawahara, M. Kojima, K. Tsujimoto & S. Tachi：Proc. Symp. Dry Process, p.31（2000）.

[7] J. B. Carter, J. P. Holland, E. Pelzer, B. Richardson, E. Bogle, H. T. Nguyen, Y. Melaku, D. Gates & M. Ben-Dor：J. Vac Sic. Technol. A 11, 1301（1993）.

[8] 深町辉昭：Electronic Journal 24th Technical Symposium, p.81（1999）.

[9] C. Lee, Y. Yamaguchi, F. Lin, K. Aoyama, Y. Miyamoto & V. Vahedi：Proc. Symp. Dry Process, p.111（2003）.

[10] S. Hwang and K. Kanarik：Solid State Technol., p.16, July（2016）.

第 5 章

干法刻蚀损伤

干法刻蚀技术是 LSI 制造过程中的一项关键技术，可以毫不夸张地说，如果没有这项技术的发展，就不可能实现 LSI 的高集成度。然而，由于在该过程中使用了等离子体，因此器件会受到高能粒子和带电粒子造成的各种类型的损伤。

如图 5-1 所示，干法刻蚀引入的损伤包括：（1）离子轰击 Si 表层形成晶体缺陷和杂质渗透，（2）带电粒子引起的电荷积累，（3）由高能光子形成中性陷

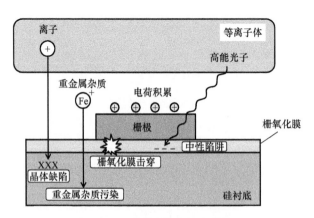

图 5-1　干法刻蚀造成的各类损伤

阱等。随着器件小型化的发展，由于对 Si 表面层造成损伤，导致 DRAM 电荷保持特性的退化、接触电阻的增加，以及由于电荷积累导致的栅氧化膜的损伤变得越来越严重。本章梳理了这些对器件影响特别严重的损伤现象，并说明了其产生的原因和缓解措施。本章还描述了这些损伤对器件特性的影响。

5.1 Si 表面层引入的损伤

在干法刻蚀中，通过溅射或化学反应从腔室或电极释放到等离子体中的诸如重金属的杂质，以及刻蚀气体的构成粒子本身以离子的形式注入到 Si 衬底中。在使用基于碳氟化合物的气体进行 SiO_2 刻蚀的情况下，C 和 F 残留在距离表面大约 10nm 的范围内 [1]，但是 H 则扩散到相对更深的位置。据报道，通过使用 CF_4+H_2 的 RIE，H 的存在深度可达 50nm[2]。图 5-2 显示了由窄间隙平行板型刻蚀机造成的 Si 表面层损伤的高分辨率透射电子显微镜分析结果 [3]。刻蚀时的 V_{pp}（高频的峰值 – 峰值电压）为 2.5kV。从表面到约 2.5nm 的深度有一个结晶杂乱层。并且晶体缺陷一直存在到 50nm 的深度。从分布的深度来看，这种晶体缺陷被认为与渗入 Si 晶体的 H 有关。用 AFM（原子力显微镜）观察该样品表面的结果如图 5-3 所示 [3]。未经等离子体处理的样品表面的粗糙度约为 0.5nm，而经过等离子体处理的样品表面形成了 2.5nm 的粗糙度。

重金属污染和晶体缺陷会导致 DRAM 的电荷保持特性恶化和结漏电流增大等问题。这些主要是由于重金属污染在 Si 衬底中形成 GR 中心（Generation Recombination Center，产生 – 复合中心）造成的。作为对策，重要的是首先去除腔室中的重金属污染源。换句话说，不锈钢和其他重金属污染源的材料不应用于腔室的等离子体接触部分，即使使用石英或铝，也必须使用高纯度材料。

其次，降低离子能量也是有效的对策。图 5-4 显示了在通过 ECR 等离子体刻蚀 SiO_2 时，少数载流子寿命与最大离子加速电压（V_{max}）的函数关系[4]。从图中可以看出，如果将 V_{max} 设置为 300V 以下，寿命几乎没有下降。

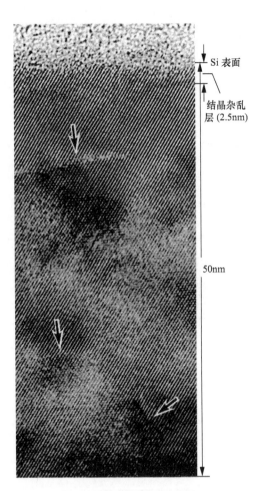

图 5-2　等离子体损伤的 Si 晶体表面的高分辨率透射电子显微镜照片。

箭头表示晶体缺陷[3]

水平方向标尺：0.2μm/div
垂直方向标尺：3.0nm/div

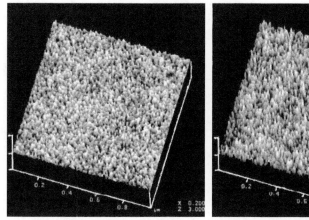

a) 未经过等离子体处理的Si晶体表面　　　　　b) 经过等离子体处理的Si晶体表面

图 5-3　经过等离子体处理和未经过等离子体处理的 Si 晶体表面的 AFM 图像 [3]

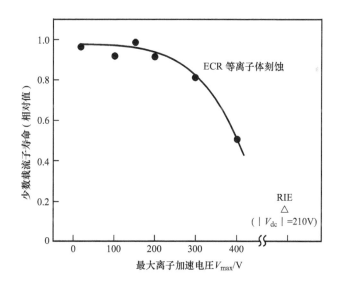

图 5-4　ECR 等离子体刻蚀中少数载流子寿命与最大离子加速电压（V_{max}）的函数关系 [4]

随着器件小型化的推进，接触电阻增加的问题变得越来越突出。在过去，H 的影响被认为是电阻增加的原因，但最近，表面附近形成的 Si-C 层[5, 6] 和 Si-O 层[7] 被认为是主要原因。图 5-5 给出了使用窄间隙平行板型刻蚀机刻蚀 SiO_2 时接触电阻随 V_{pp} 的变化关系[5]。可以看出，当 V_{pp} 超过 2kV 时，接触电阻急剧增大。此时，观察到由 Si-C 构成的氧化抑制层的厚度增加，认为这是接触电阻增大的原因。作为对策，降低离子能量是有效的，例如，根据报道可以通过低离子能量刻蚀的 ECR 等离子体抑制 Si-C 层的形成[6]。

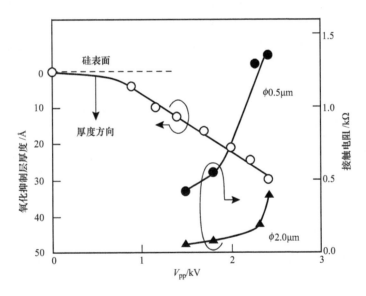

图 5-5   接触电阻和氧化抑制层厚度与 V_{pp} 升高的相关性[5]

这些引入 Si 表面层的损伤层可以用例如 O_2+CF_4 下流式刻蚀机去除。但是，随着扩散层变浅，表面层的刻蚀余量变小，因此使损伤层尽可能浅才是根本的对策。为此，需要采取例如在即将暴露 Si 衬底之前降低离子能量等方法。

5.2　电荷积累损伤

随着栅氧化膜变薄，由于电荷积累引起的栅氧化膜的击穿成为严重的问题。图 5-6 显示了当桶型去胶机发生负电荷积累时，栅氧化膜击穿率与栅氧化膜厚度的关系[8]。参数 ΔV_{FB} 是后述的 MNOS（Metal Nitride Oxide Silicon，金属－氮化物－氧化物－硅）电容器的平带电压偏移，与电荷积累量相当。从图中可以看出，击穿率随着栅氧化膜厚度的减小而增加。当 $\Delta V_{FB} = -2.6 \sim -2.4V$ 时，90% 以上的氧化膜厚度为 4nm 的栅极被击穿。在开发干法刻蚀工艺时，需要监控该电荷积累，设置条件以防止栅氧化膜被击穿，并改进设备和工艺。

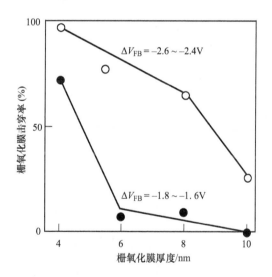

图 5-6　桶型去胶机中栅氧化膜击穿率与栅氧化膜厚度的相关性

5.2.1　电荷积累损伤的评估方法

可以使用 MNOS 电容器监控等离子体处理引起的电荷积累[9]。图 5-7a 显示了 MNOS 电容器的结构[10]。当此 MNOS 电容器暴露于等离子体时，栅电极发生电荷积累，并且根据极性，电子或空穴从衬底注入并被俘获在 Si_3N_4 和 SiO_2 之间的界面处。结果，MNOS 电容器的平带电压 V_{FB} 发生偏移。如图 5-7b 所示，电荷积累量及其极性可以通过测量 C-V 曲线并提取其中平带电压偏移量 ΔV_{FB} 来定量确定。当栅极电荷积累为正时，ΔV_{FB} 为正偏，如图 5-7 所示。这里需要注意的是，MNOS 电容器测得的电位和极性是相对于 Si 衬底的值。这将在下一节的电位分布模型（见图 5-10）中解释。

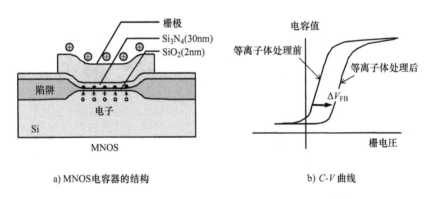

a) MNOS电容器的结构

b) C-V 曲线

图 5-7   MNOS 电容器结构及电荷积累评估方法[10]

图 5-8 所示的天线 MOS 电容器通常用于评估栅氧化膜击穿[10]。它具有将收集电荷作用的天线（多晶硅）连接到栅极的结构，该天线可以提高测量的灵敏度。此处，天线比 r 定义为 r = 天线面积（S_a）/ 栅极面积（S_g）。图 5-9 显示了栅氧化膜击穿率与天线比的相关性[10]。天线比为 1 时不发生栅氧化膜击穿，随着天线比增大，会发生栅氧化膜击穿。当天线比超过 300 时，栅氧化膜就会被击穿。

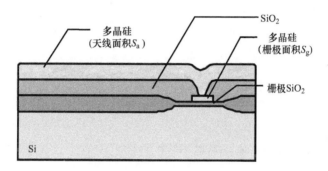

天线比 r =天线面积(S_a)/栅极面积(S_g)

天线比r： 10000
栅极面积S_g： 18μm²
栅极SiO₂膜厚度：9~10nm

SiO₂

多晶硅
(天线面积S_a)

多晶硅
(栅极面积S_g)

栅极SiO₂

Si

图 5-8　天线 MOS 电容器的结构图 [10]

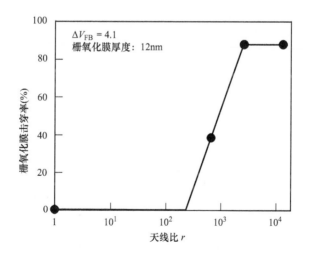

ΔV_{FB} = 4.1
栅氧化膜厚度：12nm

图 5-9　桶型去胶机中栅氧化膜击穿率与天线比的相关性 [10]

5.2.2 产生电荷积累的机理

当流入晶圆表面的高频电流分布在晶圆表面不均匀时，就会发生电荷积累[10]。例如，如果流入晶圆的高频电流在晶圆外围大于晶圆中心，则晶圆外围的自偏置（V_{dc}）大于中心，因此栅极电位（V_g）在晶圆表面有不均匀的分布，如图 5-10 所示。另一方面，由于 Si 衬底具有恒定电位（V_s），栅电极和 Si 衬底间会形成电位差。这个电位差对应于 MNOS 电容器上监测为 ΔV_{FB} 的电荷积累[10]。在图 5-10 所示的电位分布模型中，正向电荷积累发生在晶圆的中心，负向电荷积累发生在外围。从图 5-10 可以了解到，MNOS 电容器测得的电位和极性是相对于 Si 衬底的相对值。图 5-11 总结了电荷积累的产生机理。造成高频电流分布不均匀的因素有多种，包括等离子体密度的不均匀性，电场和磁场相对于晶圆的方向和分布等。就磁场来说，造成电流分布不均匀的主要原因是电子很难在垂直于磁场的方向上流动。以下是典型刻蚀设备的电荷积累评估结果和降低

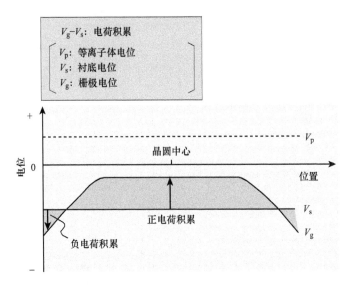

图 5-10　电荷积累时的电位分布[10]

电荷积累的方法。图 5-7 所示的 MNOS 电容器用于评估电荷积累量及其极性，图 5-8 所示的天线 MOS 电容器用于评估栅氧化膜击穿。天线比、栅极面积和栅氧化膜厚度如图 5-8 所示。

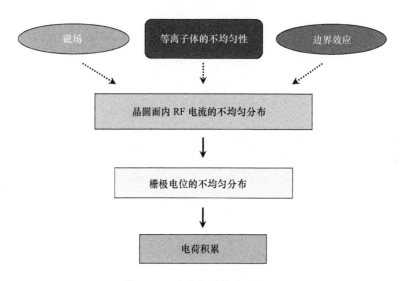

图 5-11　电荷积累的产生机理

5.2.3　各种刻蚀设备的电荷积累评估及其降低方法

1. 磁控管 RIE

磁控管 RIE 从栅氧化膜击穿的角度来看是不利的，因为正交电场和磁场引起的电子漂移往往会导致等离子体密度的偏差。图 5-12 是氧化膜用磁控管 RIE 的截面图，在阳极侧放置了永磁体，图 5-13 给出了用 MOS 电容器测量的栅极耐压的晶圆面内分布[10]。无永磁体时 ΔV_{FB} 小于 +1V，所有天线 MOS 电容器都表现出本征栅极耐压。也就是说，在等离子体处理期间没有发生栅氧化膜击穿。另一方面，当安装磁体时，对应于 ΔV_{FB} = +4.5V 的正向电荷积累发生在晶圆左边缘以外的区域，并且栅氧化膜击穿发生在该区域。据报道，在磁控管 RIE 中，通过使磁场弯曲以减少等离子体密度的不均匀性，也可以减少电荷积累 [11]。但是随着晶圆尺寸的变大，获得均匀的等离子体变得越来越困难，因此对栅氧化膜击穿控制来说，留给磁控管 RIE 的调节空间越来越小。

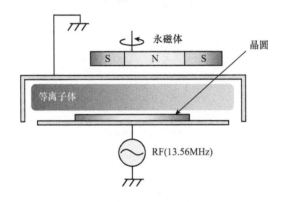

图 5-12   磁控管 RIE 设备的截面图 [10]

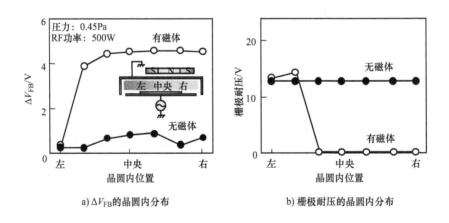

a)ΔV_{FB}的晶圆内分布   b) 栅极耐压的晶圆内分布

图 5-13   磁控管 RIE 中 ΔV_{FB} 和栅极耐压的晶圆内分布 [10]

2. 平行板型等离子体刻蚀机

CCP 平行板型等离子体刻蚀机可以容易地在晶圆的径向方向上形成均匀的等离子体，可以将电荷积累抑制到较低水平。图 5-14 为平行板型等离子体刻蚀机刻蚀氧化膜的截面图，图 5-15 为 ΔV_{FB} 和栅极耐压的晶圆内分布[12]。如图 5-15a 所示，栅电极被负电荷积累，但根据 ΔV_{FB}，该值小至 $-0.3 \sim -1V$。此外，如图 5-15b 所示，所有天线 MOS 电容器均表现出本征栅极耐压。也就是说，在等离子体处理期间没有发生栅氧化膜击穿。

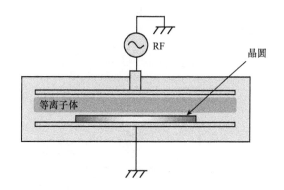

图 5-14 平行板型等离子体刻蚀机截面图[12]

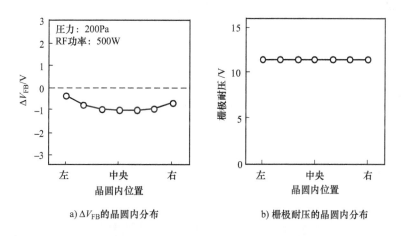

a) ΔV_{FB} 的晶圆内分布   b) 栅极耐压的晶圆内分布

图 5-15 平行板型等离子体刻蚀机中 V_{FB} 和栅极耐压的晶圆内分布[12]

3. ECR 等离子体刻蚀机

在 ECR 等离子体刻蚀机中，等离子体均匀性不足以防止电荷积累。图 5-16
为 ECR 等离子体刻蚀机截面图，图 5-17 为经该刻蚀机处理的 MNOS 电容器的
ΔV_{FB} 晶圆表面分布图[10]。当没有 RF 功率施加到晶圆托盘时，ΔV_{FB} 为零，即没
有电荷积累发生。这表明形成了均匀的等离子体。然而，当施加 13.56MHz 的
RF 功率时，晶圆中心会发生正电荷积累。由于磁场作用于电子流难以从接地电
极流向晶圆的方向，因此流入晶圆表面的电子流在晶圆中心处减少。因此，V_{dc}
在晶圆周边大而在晶圆中心小。所以，晶圆表面的 V_g 变得不均匀，并且发生电
荷积累[10]。

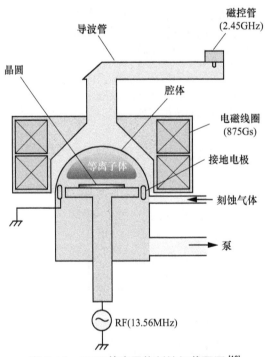

图 5-16　ECR 等离子体刻蚀机截面图[10]

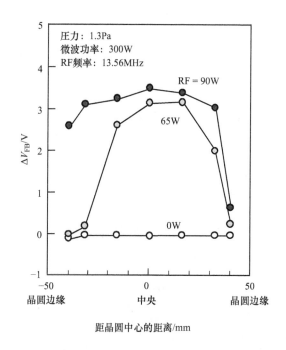

图 5-17　ECR 等离子体刻蚀机 V_{FB} 的晶圆表面分布 [10]

作者发现，可以通过降低 RF 电源的频率来减少 ECR 等离子体刻蚀机的电荷积累 [10]。结果如图 5-18 所示 [10]。可以看出，栅氧化膜击穿率随着 RF 频率变低而降低，并且在 800kHz 以下不会发生栅氧化膜击穿。这可能是因为离子鞘的阻抗在低频时增加，磁场引起的电阻变得可以忽略不计，导致流入晶圆表面的高频电流分布均匀，电荷积累减少。图 5-19 显示了在 800kHz 和 2MHz 的 RF 频率下，200mm 晶圆上栅氧化膜击穿和劣化芯片的晶圆面内分布 [3]。在 2MHz 时，晶圆中央的栅氧化膜被击穿，周围有栅氧化膜劣化的区域。另一方面，在 800kHz 时，可以看出在晶圆的整个表面上栅氧化膜既没有击穿也没有发生劣化。

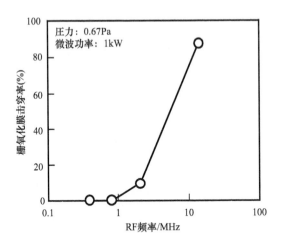

图 5-18   ECR 等离子体刻蚀机中栅氧化膜击穿率与 RF 频率的相关性

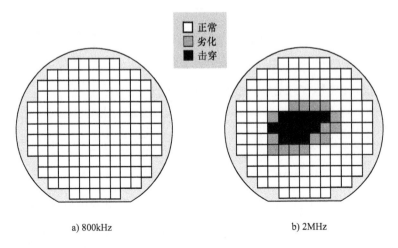

图 5-19   ECR 等离子体刻蚀机中栅氧化膜击穿和劣化芯片的晶圆内分布 [3]

4. TCP 等离子体刻蚀机

图 5-20 显示了 TCP 等离子体刻蚀机的截面图，图 5-21 显示了栅氧化膜击穿率与下部电极功率的变化关系 [13]。等离子体形成电源（Source Power）和离子能量控制电源（Bottom Power）的 RF 频率均为 13.56MHz。从图 5-21 可以看出，

即使下部电极功率增加到 300W，栅氧化膜也没有发生击穿。图 5-22 为 200mm
晶圆在 300W 下部电极功率下栅氧化膜击穿和劣化芯片的晶圆内分布 [13]，
200mm 晶圆整个表面的栅氧化膜没有劣化或破坏。在 TCP 等离子体刻蚀机中，
即使施加到晶圆托盘的 RF 电源频率为 13.56MHz，也不会发生栅氧化膜击穿。
这表明在 TCP 等离子体刻蚀机中晶圆上的磁场可以忽略不计。

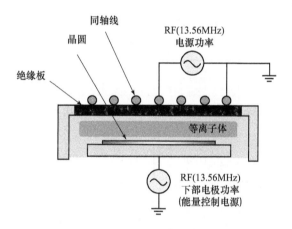

图 5-20　TCP 等离子体刻蚀机的截面图 [13]

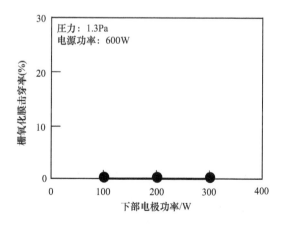

图 5-21　TCP 等离子体刻蚀机中栅氧化膜击穿率与下部电极功率的相关性 [13]

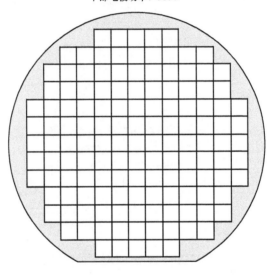

图 5-22　TCP 等离子体刻蚀机栅氧化膜击穿芯片的晶圆内分布 [13]

　　如上所述，为了防止电荷积累，应该使流入晶圆表面的高频电流的分布均匀。因此，即使在使用 ECR 等强磁场的高密度等离子体中，也可以消除电荷积累。

5.2.4　等离子体处理中栅氧化膜击穿的机理

　　作者发现，由于从等离子体流向栅极的电流的恒流应力，等离子体处理期间的栅氧化膜击穿以 TDDB（Time Dependent Dielectric Breakdown，时间相关介电击穿）方式发生 [10, 13]。该击穿模型解释如下。图 5-23 显示了桶型去胶机中栅氧化膜击穿率随等离子体处理时间的变化关系[13]。即使 RF 电源开关 10 次也不会导致栅氧化膜发生击穿，并且由于栅氧化膜击穿率随着等离子体处理时间的增加而增加，因此等离子体处理中的栅氧化膜击穿不是等离子体生成、消失过程中的瞬态电流引起的，而是由等离子体处理过程中的稳态应力所导致的。图 5-24 显示了由于等离子体处理过程中的电荷积累而导致栅氧化膜击穿的模型。这里以正电荷积累为例。如果天线比为 r，则流过栅氧化膜的电流（I_g）与从等离子体流向电极的离子电流（I_i）之间存在以下关系。

$$I_g = rI_i \tag{5.1}$$

当一定的电流流过氧化膜一定时间后，氧化膜就会被击穿，这被称为TDDB 特性，是由氧化膜的膜厚和形成条件决定的氧化膜的特有属性。假设 I_{bd}为引起栅氧化膜击穿所需的应力电流，当栅极电流 I_g 大于 I_{bd} 时就会发生氧化膜击穿。

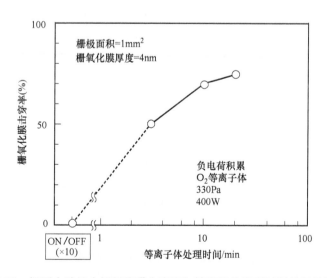

图 5-23　桶型去胶机中栅氧化膜击穿率与等离子体处理时间的相关性[13]

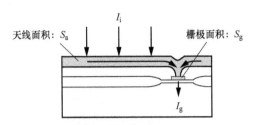

I_i: 从等离子体流向电极的离子电流

I_g: 流过栅氧化膜的电流

I_{bd}: 引起栅氧化膜击穿所需的应力电流

$I_g = rI_i$　　　　　　天线比 $r = S_a/S_g$

栅氧化膜击穿在 $I_g > I_{bd}$ 时发生

图 5-24　等离子体处理过程中电荷积累引起的栅氧化膜击穿机理 [10]

　　作者对桶型去胶机的电荷积累进行了 I_i 和 I_{bd} 的实测，验证了模型的有效性 [10]。图 5-9 显示了桶型去胶机等离子体处理 20min 后的栅氧化膜击穿率和天线比的关系，此时 MNOS 电容器的 ΔV_{FB} 为 4.1V[10]。根据图 5-25 所示的 V_{FB} 与栅极注入电流的相关性，$I_i = 2 \times 10^{-7} A/mm^2$。另外，$I_{bd}$ 可以从图 5-26 所示的栅氧化膜的 TDDB 特性中得到。由图可知，处理 20min（灰化处理时间），导致栅氧化膜击穿所需的电流值，即 I_{bd} 为 $3 \times 10^{-5} A/mm^2$。由于 $I_g = rI_i$，当 $r = 1$ 时，$I_g = I_i = 2 \times 10^{-7} A/mm^2$。据此，$I_g < I_{bd}$，不会发生栅氧化膜击穿。这与图 5-9 中的实验结果一致。此外，为找到导致栅极击穿的 r，根据 $I_g = rI_i$，

$$r = I_g/I_i = I_{bd}/I_i = 150$$

这也与图 5-9 中的实验结果几乎一致。以上结果可以说明模型的有效性得到了验证。

　　根据该模型，可以通过 MNOS 电容器的 ΔV_{FB} 测量和栅氧化膜的 TDDB 特性预先预测栅氧化膜击穿，从而防止栅氧化膜击穿。首先，从栅氧化膜的 TDDB 特性评估中获得 I_{bd}。然后，MNOS 电容器监测从等离子体流到栅极的电

流，并且设置刻蚀条件以便不超过该电流。这样对栅氧化膜击穿可以达到防患于未然的目的。如果使用该方法，将条件设置为使得不发生栅氧化膜击穿的条件，就可以对设备和工艺进行进一步的改进。

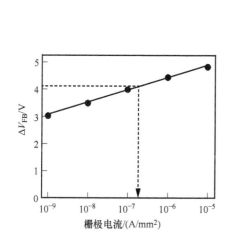

图 5-25　MNOS 电容器栅极注入电流与 V_{FB} 的关系 [10]

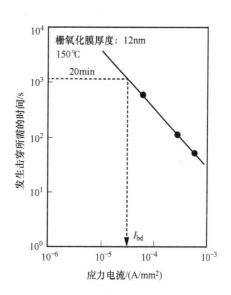

图 5-26　栅氧化膜的恒流 TDDB 特性 [10]

5.2.5　因图形导致的栅氧化膜击穿

随着器件小型化的发展，由图形引起的局部电荷积累导致的栅氧化膜击穿变得越来越明显。这被称为电子遮蔽损伤，栅氧化膜击穿更容易发生在更密集的图形中 [14]。图 5-27 显示了模型 [15]。对比离子是垂直入射，因为电子是倾斜入射，因此光刻胶图形的侧壁带负电。由于负电荷的排斥，电子无法进入图形底部，导致离子电流过大。所以导致互连线处是正电荷积累，注入过量电流并击穿栅氧化膜。由于这种效果随着图形空间变窄而变得更加明显，因此在密集图形中更可能发生栅氧化膜击穿。

图 5-28 给出了研究电子遮蔽损伤发生时间的结果[16]。刻蚀的终点通常从发射光谱的变化来检测。这称为 EPD（End Point Detector，终点检测）。本实验中的 EPD 终点为 32s。栅氧化膜击穿发生在 29 ~ 35s 之间，并在 35s 后饱和。因此，在刻蚀终点附近发生电子遮蔽损伤。这种现象是由所谓的微负载效应引起的，其中刻蚀速率在密集图形部分降低。该模型如图 5-28 左侧所示。（a）29s 前，多晶硅仍残留在整个表面，等离子体的流入电流流过该多晶硅，因此没有导致栅极损坏的电流流向栅极。（b）29 ~ 32s，没有图形区域的多晶硅被刻蚀掉，但是刻线较密的区域刻蚀速度较慢，所以多晶硅留在底部。由于多晶硅线相互连接并连接到栅极，收集的损伤电流流向栅极，导致栅氧化膜击穿。（c）在 35s 内，线路底部的多晶硅也被刻蚀掉，因此每条线路都被切断，没有损伤电流流向栅极。结果，栅氧化膜击穿率在 35s 后变得饱和。

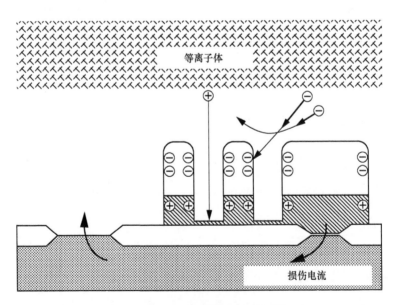

图 5-27　电子遮蔽损伤模型图[15]

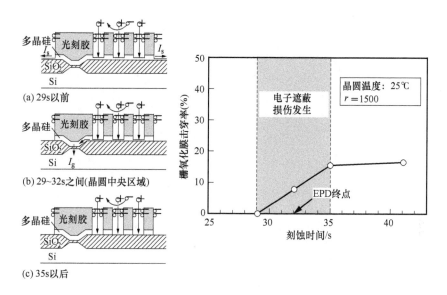

图 5-28　电子遮蔽损伤发生时间 [16]

　　为了降低电子遮蔽损伤，降低电子温度、加宽电极间隙和增加压力都是降低损伤的有效方向 [16]。作为更有效地减少电子遮蔽损伤的方法，提出了时间调制放电的方法 [17] 和时间调制偏置的方法 [18]。前者通过吸引在低频 RF 偏压下关闭放电时产生的负离子来中和正离子引起的电荷积累。后者称为时间调制偏置法，以几 kHz 为周期打开 / 关闭 RF 偏置 [18]。图 5-29 显示了配备时间调制偏置电源的装置的截面图。图 5-30 显示了电子和离子轨迹在时间调制偏置下的仿真结果 [18]。当偏置打开时（见图 5-30a），电子被排斥，只有离子进入，导致正电荷积累。当偏置关闭时（见图 5-30b），由于电压下降，光刻胶图形侧壁上的负电荷被中和。结果，当偏置关闭时，没有应力电流流过栅极，因此不太可能发生栅氧化膜击穿。

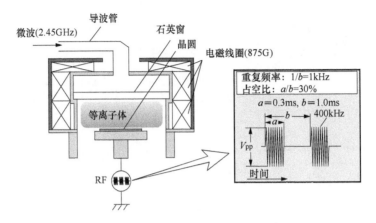

图 5-29　配备时间调制偏置电源的设备[18]

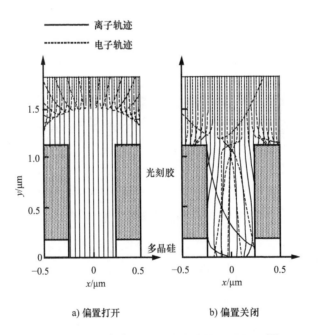

a) 偏置打开　　　　　　　b) 偏置关闭

图 5-30　时间调制偏置下电子和离子的轨迹[18]

5.2.6　温度对栅氧化膜击穿的影响

　　如 5.2.4 节所述，由于等离子体流向栅极的电流存在恒流应力，等离子体处理过程中栅氧化膜击穿以 TDDB 方式发生。氧化膜的 TDDB 特性是氧化膜特有的，由膜厚和形成条件决定。也就是说，如果等离子体处理过程中的温度高，则栅氧化膜击穿将在较小的应力电流和较短的时间内发生。图 5-31 显示了栅氧化膜击穿率与晶圆温度的相关性。在 $r = 750$ 的情况下，晶圆温度为 $-35\,℃$ 时栅氧化膜击穿率为零，但随温度升高而增加，在 $150\,℃$ 时达到 98.3%。从图中可以看出，栅氧化膜击穿率与 $\exp(-E/kT)$ 成正比增加。这里，k 是玻耳兹曼常数，T 是晶圆温度，E 是活化能。图 5-32 为栅氧化膜击穿芯片在 $15\,℃$ 和 $150\,℃$ 时的晶圆内分布。

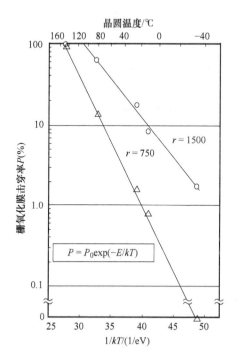

图 5-31　栅氧化膜击穿率与晶圆温度的相关性 [16]

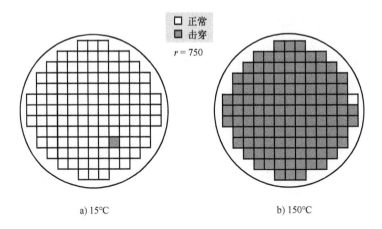

图 5-32　栅氧化膜击穿芯片的晶圆内分布 [16]

高温刻蚀常用于过渡金属等难刻蚀材料，以提高反应产物的蒸气压，提高刻蚀速率。在这种情况下，必须小心，因为很可能发生栅氧化膜击穿。灰化过程也通常在升高的温度下进行。仅使用自由基进行灰化时，例如在顺流等离子中没有问题，但在涉及离子成分的过程中必须小心。

5.2.7　基于器件设计规则的电荷积累损伤对策

电荷积累损伤在逻辑 LSI 布线的刻蚀过程和灰化过程中最为严重。这是因为用作天线的长互连线连接到栅极。如图 5-9 中所解释的，随着天线比的增大，栅氧化膜击穿率也增大。器件结构方面的对策包括天线规则和保护二极管。天线规则是事先检查栅极损伤和天线比，如果有超标的地方，则缩短布线使之符合标准，并与另一层布线连接，以降低天线比 [19]。保护二极管通过使用扩散层使损伤电流通过 Si 衬底来避免栅氧化膜击穿 [20]。然而，考虑到布局规则的限制，它们都不是完美的，因此有必要在刻蚀工艺方面采取减少电荷积累的措施。

参 考 文 献

[1] G. S. Oehrlein：Proc. Symp. Dry Process, p.59（1986）.

[2] G. S. Oehrlein, R. M. Tromp, Y. H. Lee & E. J. Petrillo：Appl. Phys. Lett. 45（4）, 420（1984）.

[3] 野尻一男，水谷巽：応用物理，第 64 巻第 11 号，p.115（1995）.

[4] K. Nojiri & E. Iguchi：J. Vac. Sic. & Technol. B 13, 1451（1995）.

[5] 橋見一生，松永大輔，金澤政男：第 40 回応用物理学関係連合講演会講演予稿集，No.2, p.616
（1993）.

[6] 橋見一生，松永大輔，金澤政男：第 54 回応用物理学会学術講演会講演予稿集, No.2, p.536
（1993）.

[7] N. Aoto, M. Nakamori, H. Hada, T. Kunio & E. Ikawa：Ext. Abstr. Int. Conf. Solid State Devices &
Materials, p.101（1993）.

[8] K. Tsunokuni, K. Nojiri, S. Kuboshima & K. Hirobe：Ext. Abstr. the 19th Conf. Solid State Devices
& Materials, p.195（1987）.

[9] Y. Kawamoto：Ext. Abstr. the 17th Conf. Solid State Devices & Materials, p.333（1985）.

[10] K. Nojiri & K. Tsunokuni：J. Vac Sic. Technol. B 11, 1819（1993）.

[11] S. Nakagawa, T. Sasaki, & M. Mori：Proc. Symp. Dry Process, p.23（1993）.

[12] 野尻一男：Semiconductor World, p.86, October（1992）.

[13] 野尻一男：半導体プロセスにおけるチャージング・ダメージ，p.51（リアライズ社，1996）.

[14] K. Hashimoto：Jpn. J. Appl. Phys. 32, 6109（1993）.

[15] K. Hashimoto：Dig. Pap. Int. MicroProcess Conf., p.146（1995）.

[16] K. Nojiri, K. Kato & H. Kawakami：Proc. 4th Int. Symp. Plasma-Process Induced Damage, p.29
（1999）.

[17] H. Ohtake, S. Samukawa, K. Noguchi & T Horiuchi: Proc. Symp. Dry Process, p.97（1998）.

[18] K. Nojiri, N. Mise, M. Yoshigai, Y. Nishimori, H. Kawakami, T. Umezawa, T. Tokunaga & T. Usui：
Proc. Symp. Dry Process, p.93（1999）.

[19] 野口江：Electronic Journal 8th Technical Symposium, p.31（1997）.

[20] M. Takebuchi, K. Yamada, T. Nishimura, K. Isobe, T. Uemura, T. Fujimoto, M. Arakawa, S. Mori, A.
Kimitsuka & K. Yoshida：Tech. Dig. Int. Electron Devices Meet., p.185（1996）.

第 6 章

新的刻蚀技术

在本章中，讨论了如 Cu 大马士革刻蚀、Low-k 刻蚀、金属栅极 /High-k 刻蚀，FinFET 刻蚀等新的刻蚀技术。对 Cu 大马士革刻蚀的各种方式进行了说明，并解释了防止 Low-k 损伤的方法。另外，还针对目前成为热门话题的多重图形化技术、用于 3D NAND 的高深宽比孔刻蚀技术、3D IC 刻蚀技术等新领域进行讲解。

6.1 Cu 大马士革刻蚀

逻辑 LSI 的高速发展主要是依靠晶体管的尺寸微缩来实现的。但是，在 0.25μm 节点以后，LSI 的速度受限于布线[1]，图 6-1 解释了其原因。随着微细化（高集成化）的发展，首先是布线的截面积变小，且布线长度变长。这导致了布线电阻 R 的增加。其次是随着布线间距的缩短，布线间电容 C 变大。由于布线的延迟时间与 RC 成正比，而延迟时间会随着微细化（高集成化）增加，也就是说，LSI 的速度会变慢。作为对策，首先为了降低布线电阻，引入了低电阻率的 Cu 代替传统的 Al。Al 的电阻率约为 $2.7\mu\Omega\cdot cm$，而 Cu 的电阻率则低至约 $1.7\mu\Omega\cdot cm$。另外，为了降低布线间电容，引入了介电常数更低的低介电常数膜（Low-k 膜）来代替传统的氧化膜。氧化膜的相对介电常数 k 是 4.1，而 Low-k 膜的 k 值小于 3。为了形成 Cu 布线，引入了被称为大马士革的技术。这是因为如第 3 章的 3.3.3 节所述，通过刻蚀来形成 Cu 布线是非常困难的。下面将对大马士革多层布线工艺与传统 Al 多层布线工艺进行对比说明。

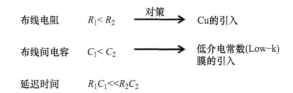

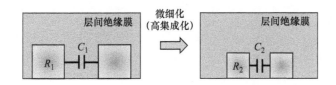

图 6-1 LSI 的微细化带来的布线延迟的增加

图 6-2 显示了 Al 多层布线的工艺流程。（1）显示了形成第一层 Al 布线后的状态。（2）沉积层间绝缘膜，使用 CMP 进行平坦化。（3）光刻技术形成用于通孔的光刻胶掩模后，（4）用氧化膜刻蚀机打开通孔。（5）使用去胶机去除光刻胶。（6）用 CVD 将 W 埋入通孔后，（7）用 CMP 研磨去除平面部分的 W，形成 W 插塞。（8）溅射沉积第二层 Al，（9）形成用于布线的光刻胶掩模。（10）用 Al 刻蚀机进行布线刻蚀，（11）用去胶机去除光刻胶。这样就形成了第二层 Al 布线。

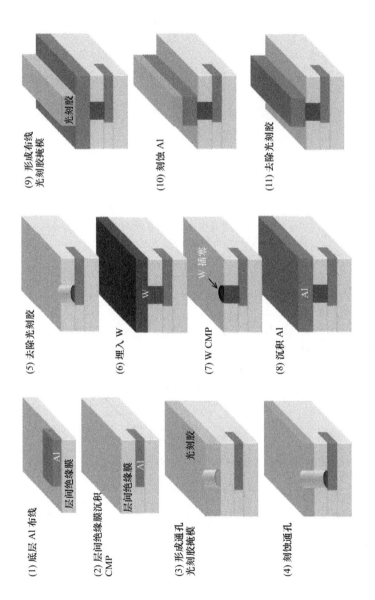

(9) 形成布线
光刻胶掩模   光刻胶

(10) 刻蚀 Al

(11) 去除光刻胶

(5) 去除光刻胶

(6) 埋入 W   W

(7) W CMP   W 插塞

(8) 沉积 Al   Al

(1) 底层 Al 布线   Al   层间绝缘膜

(2) 层间绝缘膜沉积
CMP   层间绝缘膜   Al

(3) 形成通孔
光刻胶掩模   光刻胶

(4) 刻蚀通孔

图 6-2   Al 多层布线的工艺流程

　　下面将参照图 6-3 进行大马士革工艺流程的说明。大马士革工艺是指在绝缘膜上形成凹槽（沟槽）后沉积 Cu，CMP 研磨后形成布线。大马士革有两种：布线和通孔分别形成的单大马士革，以及布线和通孔同时填 Cu 的双大马士革。双大马士革比单大马士革所需工序更少，可以降低成本。双大马士革方法有多种。图 6-3 显示的是现在主流的 Via First（先通孔）方法。（1）形成第一层 Cu 布线的状态。（2）在 Cu 上沉积放置防 Cu 扩散的 SiN 阻挡层，并在上边沉积低介电常数膜（Low-k 膜）用来形成通孔。随后，依次沉积形成用作刻蚀阻挡层的 SiN 和沟槽的 Low-k 膜。（3）光刻技术形成用于通孔的光刻胶掩模后，（4）用氧化膜刻蚀机打开通孔。（5）使用去胶机去除光刻胶后，（6）本次为形成用于沟槽的光刻胶掩模。（7）氧化膜刻蚀机进行沟槽刻蚀，（8）去除光刻胶后，得到用于布线的沟槽和通孔相连的形状。（9）SiN 去除，通孔底的 Cu（第一层的 Cu）露出来后，（10）通过电镀将 Cu 填入通孔和沟槽中。（11）用 CMP 去除平面部分的 Cu，形成第二层 Cu 布线。

　　若使用 SiN 膜作为沟槽刻蚀停止层，实际介电常数上升，使用 Low-k 膜的效果会减弱。因此，近来不使用刻蚀停止层的情况逐渐增多。这种情况下，沟槽的深度是由刻蚀深度决定的，所以必须稳定刻蚀速率。图 6-4 展示了一个双大马士革刻蚀的例子。这是一个使用 SiO_2 刻蚀而不是 Low-k 的案例。这里不使用用于沟槽刻蚀的 SiN 停止层。

　　如上所述，大马士革工艺不需要 Cu 刻蚀来形成 Cu 布线。因此，不再需要用于金属的刻蚀机，而是需要氧化膜刻蚀机。换句话说，大马士革布线的引入减少了金属刻蚀机的比例，增加了氧化物刻蚀机的比例。

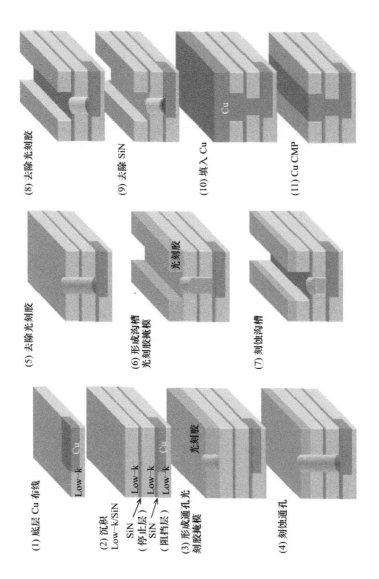

(1) 底层 Cu 布线

(2) 沉积 Low-k/SiN

(3) 形成通孔光刻胶掩膜

(4) 刻蚀通孔

(5) 去除光刻胶

(6) 形成沟槽光刻胶掩膜

(7) 刻蚀沟槽

(8) 去除光刻胶

(9) 去除 SiN

(10) 填入 Cu

(11) Cu CMP

图 6-3　双大马士革工艺流程（先通孔方式）

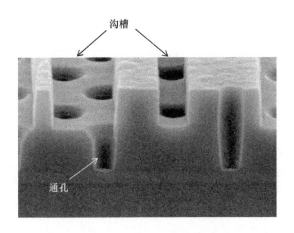

图 6-4 双大马士革刻蚀的例子

6.2 Low-k 刻蚀

Cu 双大马士革互连技术与 SiO_2 膜相结合，从 0.18μm 一代开始导入。0.13μm 一代引入了 SiO_2 中含有氟的 FSG（氟硅玻璃，相对介电常数 k=3.6）作为夹层薄膜。FSG 可以在与 SiO_2 几乎相同的刻蚀条件下加工。k=3.0 以下的 Low-k 膜正式被使用是从 90nm 一代开始的。与 Low-k 膜结合使用时，由于 Low-k 膜本身带来的额外工艺难度，整体工艺难度大大提高。

从 90nm 逻辑 LSI 开始真正引入的 Low-k 膜，其 k 值为 2.9。作为 Low-k 膜的形成方法，有 SOG（Spin-on Glass，旋涂玻璃）和 CVD，但都在膜中含有甲基 CH_3，因此降低了 k 值。在刻蚀和灰化时，需要注意氧气的副作用。使用图 6-5 来说明其理由。图 6-5 是使用分子轨道方法的模拟结果 [2]。作为 Low-k 膜，这里以含有 CH_3 的甲基硅氧烷类有机 SOG 为例，展示了氧原子靠近时的情况。可以看出，当氧原子接近时，发生了 CH_3 抽离反应。这导致了 k 值的增加和在多孔氧化区域更高的刻蚀速率。在沟槽刻蚀中，刻蚀气体中的氧是引起底部亚沟槽的原因。图 6-6 示出了底部亚沟槽的例子 [2]。这里，甲基硅氧烷类的有机 SOG 用 $C_4F_8/O_2/Ar$ 气体组合进行刻蚀。图 6-7 显示了底部亚沟槽的产生机理 [2]。如图 6-7（1）所示，CF 基聚合物在沟槽中不能均匀地附着，在沟槽底部的覆盖很薄。这个区域很容易被氧自由基刻蚀，底层的有机 SOG 暴露在氧自由基中。其结果是，由于上述反应，该区域的刻蚀速率增加，产生了底部亚沟槽。底部亚沟槽的产生可以通过优化 O_2 浓度 [3] 或用 N_2 代替 O_2[2] 来应对。图 6-8 显示了用 $C_4F_8/N_2/Ar$ 气体组合刻蚀甲基硅氧烷类有机 SOG 的结果。可以看出，在欠蚀和过蚀情况下都没有发生底部亚沟槽。图 6-9 显示了用优化的 O_2/C_4F_8 浓度对相同的甲基硅氧烷类有机 SOG 进行双大马士革刻蚀的例子 [3]。

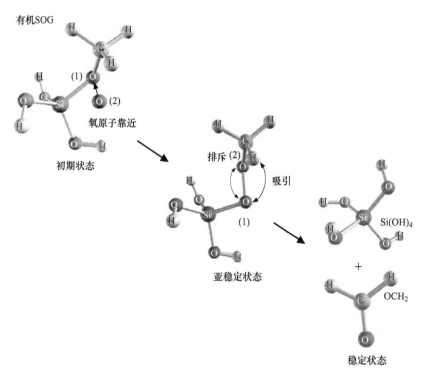

图 6-5　氧原子和 Low-k 膜（甲基硅氧烷类有机 SOG）的反应 [2]

$O_2/C_4F_8=1.2$

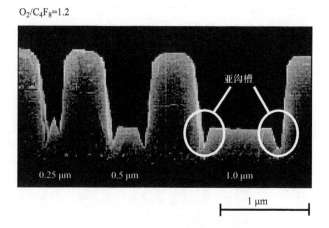

图 6-6　$C_4F_8/O_2/Ar$ 刻蚀 Low-k 膜（甲基硅氧烷类有机 SOG）形成底部亚沟槽的例子 [2]

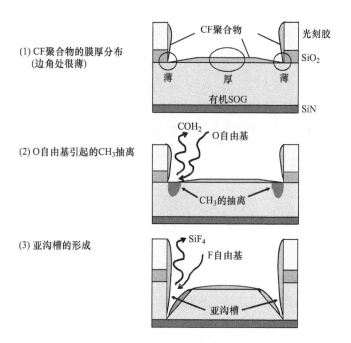

图 6-7　$C_4F_8/O_2/Ar$ 刻蚀 Low-k 膜（甲基硅氧烷类有机 SOG）形成底部亚沟槽的机理 [2]

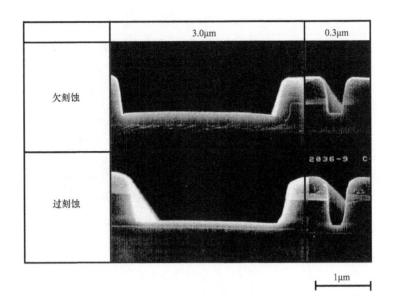

图 6-8 $C_4F_8/O_2/Ar$ 刻蚀 Low-k 膜（甲基硅氧烷类有机 SOG）的刻蚀形貌 [2]

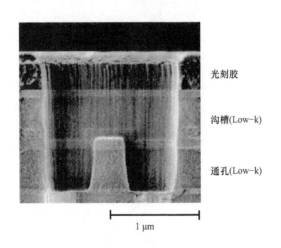

图 6-9 Low-k 膜（甲基硅氧烷类有机 SOG）双大马士革刻蚀形貌 [3]

　　含有 CH_3 的 Low-k 膜在灰化时也需要注意。如图 6-10a 所示，在使用氧等离子体的灰化中，将由氧自由基引起 CH_3 的抽离 [4]。灰化时发生的这种现象称为 Low-k 损伤。受到损伤的部分只用稀氟酸稍稍刻蚀，就容易被刻蚀掉。由于

Low-k 膜损伤会导致 k 值增加，相对于通孔，沟槽刻蚀后的灰化需要特别注意，这是因为布线的延迟时间受沟槽间电容的影响。该问题如图 6-10b 所示，可以通过用氧离子在侧壁上形成致密的 SiO_2（改性层）来解决。具体来说，将灰化时的压力降低到 0.133Pa（1mTorr）左右，增加离子成分，对样品台施加偏压，引入氧离子的偏压灰化是有效的。

其他 Low-k 膜包括有机高分子膜。一般使用 SiO_2 等硬掩模，用 O_2/N_2 气体进行刻蚀[5]，但在过刻蚀时容易形成弯曲形状。对于精度更高的加工，N_2/H_2 气体或 NH_3 气体是有效的[6]。有机高分子膜也有光刻胶去除工艺的问题。已经报道了一种用光刻胶掩模给硬掩模开口，接着用 O_2 RIE 刻蚀有机膜的同时刻蚀掉光刻胶的工艺[7]。

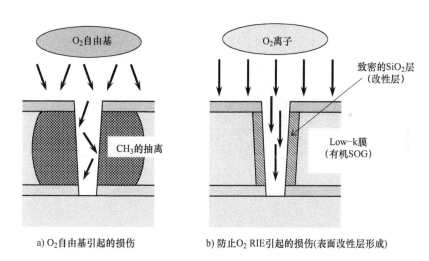

a) O_2 自由基引起的损伤　　　b) 防止 O_2 RIE 引起的损伤 (表面改性层形成)

图 6-10　灰化时 Low-k 膜损伤对策[4]

在实际的多层布线中，由上述说明的双大马士革多层重复形成。图 6-11 展示了 12 层的例子。由于局部布线和中间布线的布线间隔窄，所以使用最低 k 值的 Low-k 膜。半全局布线使用比其值稍高的 Low-k 膜，全局布线通常使用 SiO_2

膜。在这个例子中，第 12 层是最上层的布线，但是这层也包含焊盘，通常使用 Al。在这种情况下，布线形成不是大马士革，而是使用以往的 Al 刻蚀技术。

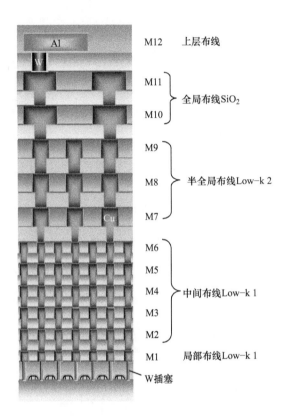

图 6-11　使用双大马士革的多层布线

6.3　使用多孔 Low-k 的大马士革布线

从 45nm 一代开始，引入了 k 值低于 2.5 的多孔 Low-k 膜。由于有了多孔 Low-k 薄膜，灰化过程中的损伤变得更加严重，上述的措施是不够的。因此，对双大马士革的工艺流程本身进行了改变。图 6-12 展示了一个例子。这里的关键点是使用金属硬掩模进行沟槽刻蚀。材料一般使用 TiN。如图 6-12 的工序

（2）所示，首先对金属硬掩模（标记为金属 HM）进行刻蚀。这里使用金属刻蚀机，用氯气刻蚀。（3）然后用去胶机除去光刻胶。由于光刻胶是在这里去除

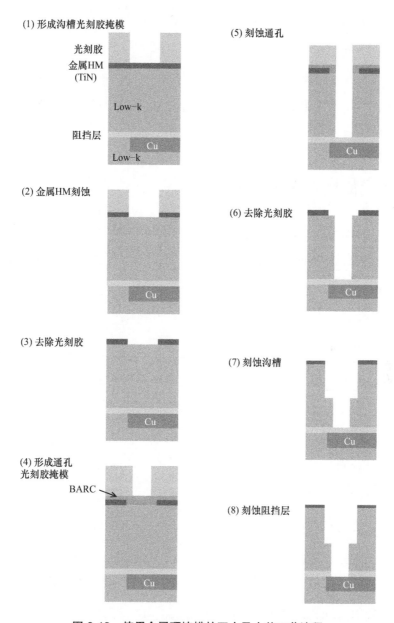

(1) 形成沟槽光刻胶掩模

光刻胶
金属HM
(TiN)

Low-k

阻挡层

Cu

Low-k

(2) 金属HM刻蚀

Cu

(3) 去除光刻胶

Cu

(4) 形成通孔
光刻胶掩模

BARC

Cu

(5) 刻蚀通孔

Cu

(6) 去除光刻胶

Cu

(7) 刻蚀沟槽

Cu

(8) 刻蚀阻挡层

Cu

图 6-12　使用金属硬掩模的双大马士革工艺流程

的，所以在沟槽刻蚀后没有光刻胶去除过程，可以防止损伤。（4）接下来，形成通孔的光刻胶图案。图中的 BARC 代表底部防反射涂覆（Bottom Anti Reflection Coating）。（5）进行通孔刻蚀，（6）去除光刻胶。（7）用之前形成的金属硬掩模刻蚀沟槽。（8）连续进行阻挡膜刻蚀，完成双大马士革刻蚀。

在这个过程中，使用诸如 TiN 的金属硬掩模作为沟槽刻蚀的掩膜的原因是为了使多孔 Low-k 有足够的选择比。另外，由于在这个过程中，沟槽掩模是在通孔之前形成的，所以有时也被称为先槽工艺。

6.4　金属栅极 /High-k 刻蚀

随着器件的微细化，栅极绝缘层越来越薄。具体来说，在 45nm 节点，换算成氧化层的厚度 EOT（Equivalent Oxide Thickness，等效氧化层厚度）被薄膜化到 1.0nm 左右。这里出现了漏电流增加的问题。到 65nm 节点为止可以用 SiON 对应，但是 45nm 节点以后栅极漏电流变得不能忽视了。作为应对措施，在 45nm 节点导入了 High-k 膜代替 SiON。这是因为，如果使用 High-k 膜，介电常数高，即使不缩减薄膜的物理厚度，也可以得到与有效薄膜化相同的效果，可以防止漏电流的增加。作为 High-k 膜的候选，对各种膜进行了研究，但几乎都集中在 Hf 系的膜，即 HfO$_x$ 和 HfSiO$_x$。

在栅极材料方面，在传统的多晶硅中形成了耗尽层，这导致有效栅极绝缘层厚度增加。因此，从 45nm 节点开始，引入了一个没有耗尽层形成的金属栅极。为此还考虑了各种材料，但在 45 ~ 32nm 节点上主要使用了 TiN 和 TaN。

金属栅极 /High-k 结构在 45nm 节点首次引入 [8]，并在 32nm 节点正式应用。在金属栅极 /High-k 的形成工艺中，如图 6-13 所示，有前栅工艺 [9] 和后栅工艺 [8]

两种方式。在前栅工艺中，工艺流程本身与传统的多晶硅栅极相同。如图 6-13a 所示，（1）金属 /High-k 沉积后，（2）通过刻蚀该多层膜形成栅极。（3）通过随后的 SDE 离子注入、侧墙形成、SD 离子注入、激活退火和硅化，完成栅极形成过程。前栅工艺方式具有工艺简单、工序短、生产成本低等优点。另一方面，在金属 /High-k 栅极形成后，要进行高温热处理，如激活退火和硅化处理。这可能导致耐热性问题，如 MOS 晶体管的功函数下降和阈值电压增加。此外，由于金属 /High-k 结构的高刻蚀难度，给栅极刻蚀带来了许多挑战。具体来说，有诸如刻蚀形状限制、残留物和 Si 凹陷（Si 衬底刮削）等问题。

在后栅工艺中，用多晶硅形成一次栅极，在完成离子注入、激活退火和硅化等热处理后，去除多晶硅栅极，在形成的沟槽中埋入 High-k 膜、金属，用 CMP 平坦化，形成金属 /High-k 结构的栅极。先制作多晶硅栅极，之后置换为金属栅极 /High-k，因此也被称为替换栅极（Replacement Gate）方式。工艺流程如图 6-13b 所示。（1）首先进行多晶硅栅极刻蚀，形成多晶硅栅极。（2）其次进行 SDE 离子注入、侧墙形成、SD 离子注入、激活退火、硅化。（3）在沉积了层间膜之后，用 CMP 平坦化。（4）除去多晶硅栅极，（5）埋入 High-k 膜、金属，（6）用 CMP 平坦化，完成金属 /High-k 栅极形成工序。在后栅工艺中，由于在形成金属 /High-k 之前热过程已经结束，所以不存在耐热性问题，工艺稳定。另外，由于栅极的刻蚀是多晶硅刻蚀，所以比金属栅极 /High-k 结构的刻蚀容易。另一方面，也存在工艺复杂、工序长、制造成本高等缺点。

在本节中，将阐述加工方面问题较多的前栅工艺的刻蚀技术。图 6-14 表示在金属栅极 /High-k 中使用的代表性材料[10]。作为 High-k 膜，使用 Hf 的氧化物 HfO_2、$HfSiO_2$、HfSiON 等。金属使用 TiN 和 TaN，在金属和 High-k 膜之间，为了调整 MOS 晶体管的阈值电压 V_{th}，插入 1nm 左右的金属插层。作为材料，

N 型 MOS 晶体管一般使用 LaO，P 型 MOS 晶体管一般使用 AlO。金属本身的厚度为 10 ~ 20nm，一般是在其上搭载 100nm 左右的多晶硅堆叠结构。作为金属的 TiN 和 TaN 可以用卤素类气体容易地刻蚀。问题是 High-k 膜的刻蚀。High-k 膜的刻蚀之所以困难，主要是由于反应产物是不挥发性的。在 High-k 膜的刻蚀中，必须保持对掩模的充分的选择性，在不影响栅极刻蚀形状的同时，避免对衬底的源漏区域的损伤。Hf 的氯化物与氟化物相比，蒸气压较高[11]，因此一般在 HfO$_2$ 的刻蚀中使用 BCl$_3$/Cl$_2$。High-k 膜为含有 Si 的 HfSiO$_2$ 时，Si 卤化物的蒸气压较高，因此与 HfO$_2$ 相比，刻蚀变得容易[11]。图 6-15 是以温度为参数，研究 HfO$_2$/SiO$_2$ 选择比和 BCl$_3$/Cl$_2$ 流量比的关系的结果。刻蚀装置使

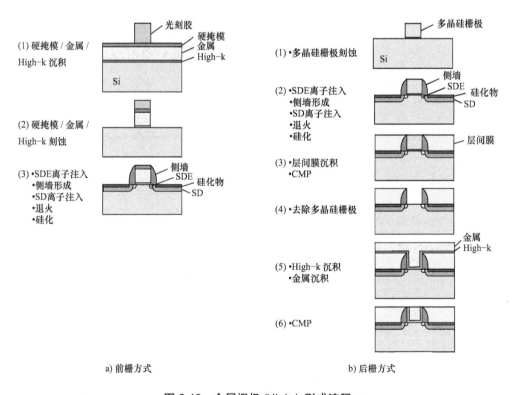

a) 前栅方式   b) 后栅方式

图 6-13 金属栅极 /High-k 形成流程

用 TCP 等离子体刻蚀机[10]。在从 30℃到 275℃的任何温度下，通过优化 $BCl_3/$
Cl_2 的流量比，可以得到无限大的 HfO_2/SiO_2 选择比。可以认为，无限大的选择
比是通过在表面堆积 BCl_xO_y 而得到的。

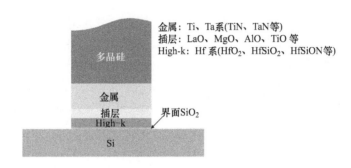

图 6-14　金属栅极 /High-k 使用的材料[10]

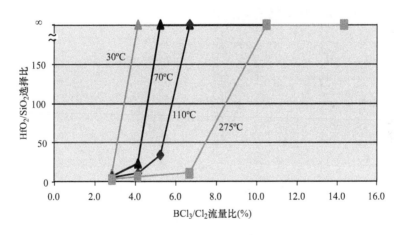

图 6-15　HfO_2/SiO_2 选择比和 BCl_3/Cl_2 流量比的关系[10]

　　另外一个必须注意的是 La 的残留物。如上所述，在 N 型 MOS 晶体管一侧，
在 High-k 膜上使用了 LaO 插层。这通常是一个残留物的来源，因为 La 的反应
产物是不挥发性的。该残留物通常通过干法刻蚀后的湿法洗涤除去。此时，如果
干法刻蚀和湿法清洗之间的放置时间过长，则难以除去残渣[12]。因此，干法刻

蚀后需要迅速进行湿法清洗。图 6-16 表示湿法清洗不适当时和适当时的结果 [10]。这样得到的最终刻蚀形状如图 6-17 所示 [10]。栅电极是多晶硅 /TiN 的层叠膜。获得了 Si 凹陷为零的垂直刻蚀形状。

a) 不适当的湿法清洗（有 La 残渣）　　　　　b) 适当的湿法清洗（无 La 残渣）

图 6-16　湿法清洗去除 La 残渣 [10]

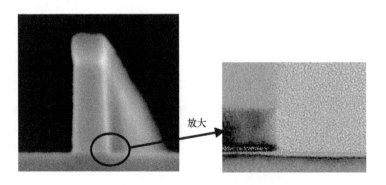

放大

图 6-17　金属栅极 /High-k 刻蚀形貌 [10]

6.5　FinFET 刻蚀

从 22nm 节点开始，导入了立体结构的 FinFET[13]。FinFET 如图 6-18 所示，薄膜的 Si 层（Fin）与衬底垂直形成，并通过栅极夹在各层之间 [15]。由于双栅极结构可以抑制短沟道效应，漏极电流也可以增大，因此具有可以降低晶体管的特性偏差的特征 [14]。在 22nm 节点，栅长为 26nm 左右，Fin 的宽度为 8nm

左右。在 FinFET 的栅极刻蚀中，由于在高台阶部分容易产生刻蚀残留，所以难度极高。

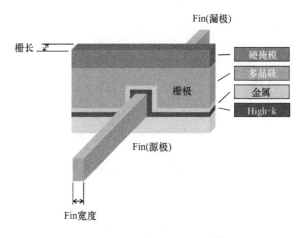

图 6-18　FinFET 的构造 [15]

图 6-19 表示 FinFET 中的金属栅极 /High-k 刻蚀的工艺流程 [15]。（1）表示多晶硅刻蚀前的状态。（2）首先，在主刻蚀中，用各向异性非常强的工艺对 80nm 的多晶硅进行 60nm 左右的刻蚀，在 TiN 露出之前停止。刻蚀量通过使用光干涉的深度监视器进行精密控制。在该工序中，多晶硅的形状大致确定。（3）提高偏压，同时调整气体比以强化侧壁保护膜，在多晶硅 /TiN=20 左右的选择比高的工艺中，进行相当于 50 ~ 60nm 的多晶硅刻蚀。此时，沿 Fin 产生多晶硅的条纹状的残留。（4）在过刻蚀工艺中，加入各向同性成分，通过更高的多晶硅 /TiN 选择比工艺对沿着 Fin 的多晶硅剩余部分进行刻蚀。（5）通过各向异性强的刻蚀将 TiN 刻蚀到中间，然后通过加入各向同性成分的 TiN/High-k 高选择比工艺对 TiN 进行刻蚀。（6）用干法刻蚀将 High-k 膜刻蚀到中间后，用湿法刻蚀去除残留的 High-k 膜。在湿法刻蚀中，可以得到与衬底 SiO_2 的高选择比。图 6-20 表示刻蚀结果 [15]。获得垂直的栅极刻蚀形状（见图 6-20a），并

且没有沿着 Fin 方向的刻蚀残留（见图 6-20b）。

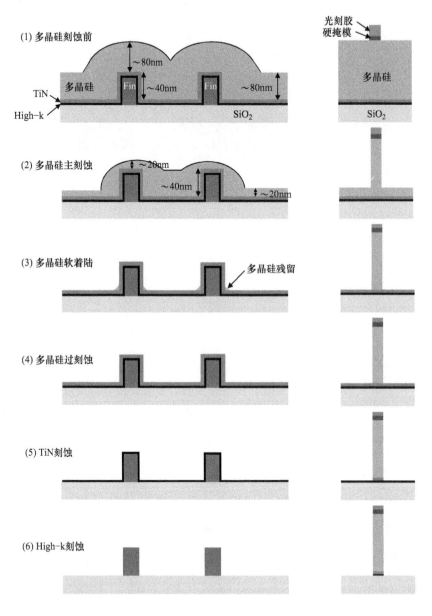

图 6-19　FinFET 金属栅极 /High-k 刻蚀工艺流程[15]

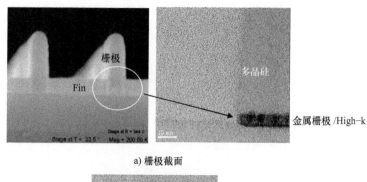

a) 栅极截面

b) Fin 截面

图 6-20　FinFET 金属栅极 /High-k 刻蚀形貌 [15]

6.6　多重图形化

　　光刻技术中分辨率与用于曝光的光的波长成正比。换句话说，必须使用波长较短的光源来形成更精细的图案。目前用于大规模生产的能够形成最精细图案的光刻技术是 ArF 浸没式光刻技术。该技术使用 ArF 准分子激光器（波长为 193nm）作为光源，并在透镜和晶圆之间填充液体（如水）以增加折射率，从而能够形成更精细的图案。然而，在 22nm 及以下的节点，即使使用这种 ArF 浸没式光刻技术，也难以形成图案。被定位为下一代光刻技术的极紫外（Extreme Ultraviolet，EUV）光刻技术，是一种使用 13 ～ 14nm 区域的软 X 射线作为光源的曝光技术，并被部分应用于逻辑器件。然而，EUV 光刻技术存在一些问题，还没有达到全面的大规模生产。因此，多重图形化技术应运而生。

6.6.1　SADP

首先，介绍将图案密度加倍的双重图形化。双重图形化有多种方式，其中使用最多的是自对准方式。这是一种巧妙应用了各向异性刻蚀特性的微细掩模图案形成技术。这种方式是在预先形成的核心图案的侧壁上形成侧墙，随后去除核心图案。结果只剩下侧墙，用来确定所需的最终结构。每个核心图案的两侧都有 2 个侧墙，因此图案密度为原来的 2 倍。这种方式被称为 SADP（Self-Aligned Double Patterning，自对准双重图形化）。

图 6-21 展示了 SADP 的工艺流程。（1）首先在硅衬底上沉积硬掩模层和核心薄膜，然后用光刻技术在其上形成光刻胶图案。（2）接着刻蚀芯片，形成核心图案。（3）对核心图案进行横向刻蚀，使图案变细（修饰）。（4）在核心图案上沉积侧壁薄膜。（5）用各向异性刻蚀对侧壁薄膜进行刻蚀，形成侧墙。（6）去除核心图案并留下侧墙。此时，可以看出侧墙的间距是（1）定位图案间距的 1/2。也就是说，当（1）的光刻胶图案的间距为 80nm（40nm 线 /40nm 空间）时，（6）得到的侧墙的间距为 40nm（20nm 线 /20nm 空间）。（7）将该侧墙作为掩模，刻蚀衬底硬掩模层，可得到间距为原始图案 1/2 的图案。以此方式，在 SADP 中可以形成光刻的分辨率极限的 1/2 的行加空间图案。

核心薄膜和侧壁薄膜材料的选择要考虑与衬底膜的选择比，以便在去除核心图案时充分获得与侧墙的选择比。例如，核心薄膜采用 SiO_2、侧壁薄膜采用非晶硅的组合，或者核心薄膜采用光刻胶、侧壁薄膜采用 SiO_2 的组合。当核心图案是光刻胶时，由于光刻胶耐热性低，侧壁薄膜的 SiO_2 必须在低温下形成。

从以上的工艺流程可以看出，SADP 中成品尺寸 CD 是由核心图案的形成和侧墙的形成来决定的，因此侧壁薄膜的沉积和各步骤的刻蚀控制非常重要（见图 6-22）。图 6-23 展示了使用 SADP 形成的 32nm 线 /32nm 空间的 STI 的截面 SEM 照片[16]。

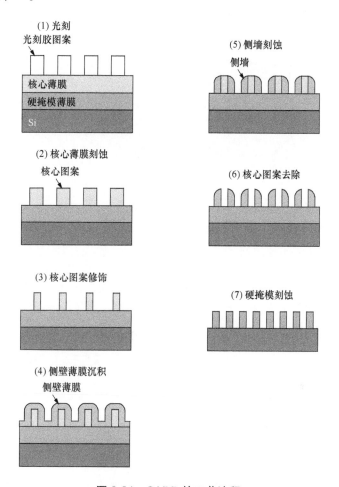

图 6-21　SADP 的工艺流程

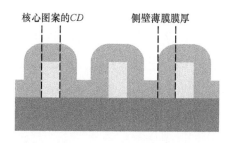

图 6-22　SADP 中核心图案的刻蚀尺寸和侧壁薄膜厚度决定了最终尺寸

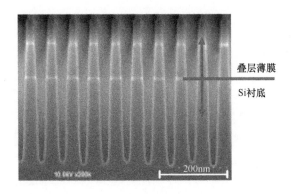

图 6-23　由 SADP 形成的 32nm 线 /32nm 空间 [16]

6.6.2　SAQP

自对准侧墙方式的一个特点是，原则上，通过重复侧墙形成和图形转移步骤，图形密度可以无限地增加。例如，通过重复两次双重图形化，间距可以减少到原来的 1/4。这被称为四重图形化，而在自对准侧墙方式中的四重图形被称为 SAQP（Self-Aligned Quadruple Patterning，自对准四重图形化）。图 6-24显示了工艺流程。（1）首先，形成核心图案 1。（2）接下来在核心图案 1 上沉积侧壁薄膜 1。（3）通过各向异性刻蚀对侧壁薄膜 1 进行刻蚀，以形成侧墙 1。（4）移除核心图案 1，留下侧墙 1。（5）以此侧墙 1 为掩模刻蚀衬底层，形成核心图案 2。（6）将侧壁薄膜 2 放置在核心图案 2 上。（7）通过各向异性刻蚀法刻蚀侧壁薄膜 2，形成侧墙 2。（8）移除核心图案 2，留下侧墙 2。（9）用这个侧墙 2 作为掩模，刻蚀底层的硬掩模层，得到一个间距为原始图案 1/4 的图案。

使用 193nm 的 ArF 浸没式光刻技术时，如图 6-25 所示，SADP 可以形成40nm 间距（20nm 线 /20nm 空间）的图案，与此相对，SAQP 可以形成 20nm间距（10nm 线 /10nm 空间）的图案。SADP 和 SAQP 可以用于如 FinFET 的

Fin、多层布线的线和空间、存储器件的位线和字线的形成等。有报道将 SAQP
应用于 mid-lx nm 闪存的字线形成的例子 [17]。

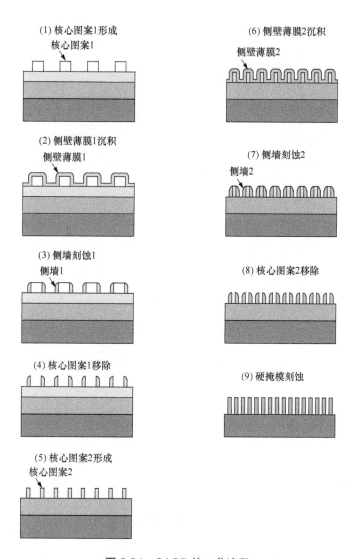

(1) 核心图案1形成
核心图案1

(2) 侧壁薄膜1沉积
侧壁薄膜1

(3) 侧墙刻蚀1
侧墙1

(4) 核心图案1移除

(5) 核心图案2形成
核心图案2

(6) 侧壁薄膜2沉积
侧壁薄膜2

(7) 侧墙刻蚀2
侧墙2

(8) 核心图案2移除

(9) 硬掩模刻蚀

图 6-24　SAQP 的工艺流程

在 SADP 和 SAQP 中，如前所述，侧壁薄膜的沉积以及各步骤的刻蚀决定了成品的 CD。因此，为了抑制 CD 的偏差，将侧壁薄膜沉积以及刻蚀步骤变动控制在最小是很重要的。在侧壁薄膜的沉积步骤中，要求形成覆盖性好、极均匀、高质量的膜。例如，对于 20 ~ 30nm 的膜厚允许的晶圆面内的膜厚变动为数 Å。为了实现这一点，使用了在原子级别上控制反应的技术，即 ALD（Atomic Layer Deposition，原子层沉积）。在 SADP、SAQP 中的任何一种多重图形方式中，刻蚀被反复使用，但使用的刻蚀次数越多，CD 的变化就越大。作为对策，使用如第 3 章 3.1.2 节所述可以调整晶圆平面内温度分布的可调控 ESC。另外，即使侧壁薄膜的沉积和刻蚀的各个单元工艺的均匀性良好，当它们结合在一起时，偏差也可能会变得很大。在这种情况下，可调控 ESC 可以用来抵消这种情况并改善均匀性。

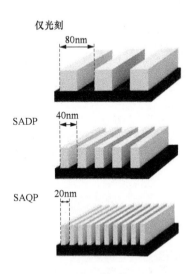

图 6-25 使用 193nm 的 ArF 浸没式光刻技术时，SAQP 可以形成 20nm 间距

（10nm 线 /10nm 空间）的图案

6.7　用于 3D NAND/DRAM 的高深宽比孔刻蚀技术

图 6-26 显示了 DRAM 的截面结构。在 DRAM 中，像被称为电容器单元和 HARC（High Aspect Ratio Contact，高深宽比接触）的接触孔，需要刻蚀深宽比（深度 / 孔径）非常大的孔的技术。闪存也需要类似的高深宽比孔的刻蚀技术。闪存为了提高集成度，从以往的平面型向图 6-27 所示的 3D 堆叠存储单元阵列的 3D NAND 转移。在 3D NAND 中，SiO_2 和 Si_3N_4 的薄膜交替堆叠几十层后，在该叠层上形成深宽比非常大的存储孔。在现在批量生产的 96 层 3D NAND 中，存储孔的深宽比在 60 以上，如果包含掩模，深宽比更大。

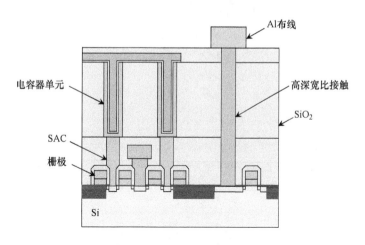

图 6-26　DRAM 的截面结构

3D NAND 和 DRAM 的高深宽比孔的刻蚀使用 SiO_2 刻蚀机。图 6-28 展示了刻蚀的技术挑战。为了防止刻蚀停止和扭曲，高能离子必须能够达到孔的足够深处。为此，如图 6-29b 所示，有必要缩小入射离子的角度分布。为了缩小入射离子的角度分布，首先需要的是使用低压区域。如第 2 章的 2.2.2 节所述，通过降低压力使得离子的碰撞减少。另外，增大离子的加速电压对缩小入射离子的角度分布也是有效的。为了增大离子的加速电压来提高离子能量，可以使用低频、大功率的 RF 电源。当 RF 频率降低时，离子可以跟上 RF 频率，因此离子能量既取决于 V_{dc}，也取决于 V_{pp}[18]。因此，在低频下可以获得高的离子能量。最近，已经开始使用 800kHz 以下的频率了。

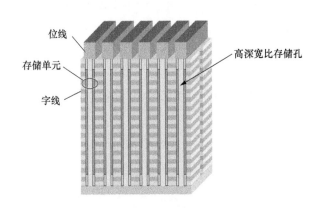

位线
存储单元
字线
高深宽比存储孔

图 6-27　3D NAND 闪存结构

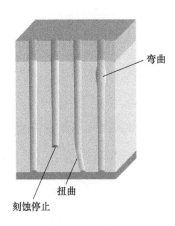

弯曲
扭曲
刻蚀停止

图 6-28　高深宽比孔刻蚀中的技术挑战

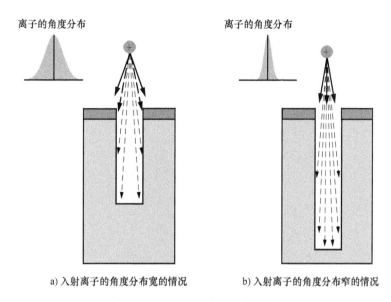

a) 入射离子的角度分布宽的情况　　　　b) 入射离子的角度分布窄的情况

图 6-29　高深宽比孔刻蚀的对策 [20]

　　弯曲是指在孔的中间出现侧向刻蚀，形状变成桶形的现象。其机理如图 6-30 所示 [19]。弯曲是离子在掩模边缘反射，撞击孔壁而产生的。考虑到聚合物在壁面上的沉积，CF_2 的附着系数较小，为 0.004，因此其反复在侧壁上反射并到达底部，但 C 的附着系数较大，为 0.5，因此会在光刻胶掩模、孔的上部形成聚合物 [19]。沉积在孔上部的聚合物，也是离子反射的主要原因，如图 6-30 所示。作为对策，首先，提高等离子体中的 CF_2 浓度，通过用 CF_2 增厚聚合物来防止侧向刻蚀。方法如第 3 章 3.2.2 节所述。其次，通过提高晶圆的温度，降低 C 的附着概率，使 C 也进入孔内。通过上述条件设定，可以防止弯曲 [19]。图 6-31 展示了 3D NAND 的高深宽比存储器孔的刻蚀示例 [20]。获得了一个没有刻蚀停止、扭曲和弯曲的刻蚀形貌。图 6-32 是实际 3D NAND 闪存的 SEM 照片。存储单元阵列是三维堆叠的，其结构让人联想到摩天大楼。

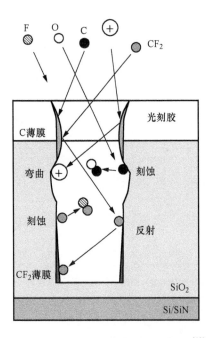

图 6-30　HARC 刻蚀弯曲形成机理[19]

图 6-31　3D NAND 的高深宽比存
储器孔的刻蚀示例[20]

图 6-32　3D NAND 闪存（BiCS FLASH）

6.8　用于 3D IC 的刻蚀技术

EUV 光刻技术作为下一代光刻技术，在应用于全面量产方面已经远远落后，光刻技术已经成为器件微细化的限速因素。上述的多重图形化技术已经作为推动微细化的技术投入了实际应用，但它有一个问题，那就是由于大量的工序而导致的高制造成本。另外，即使 EUV 光刻技术正式应用于量产，设备的成本也非常高，可能直接导致制造成本等增大。

另一方面，器件的电学特性也指出了微细化的局限性。例如，在逻辑器件晶体管中，尺寸偏差导致的晶体管特性偏差已经进入一个不可忽视的领域。

作为克服以上问题的技术，LSI 的三维化即 3D IC（Three dimensional Integrated Circuit，三维集成电路）的研究正在盛行[21, 22]。这是通过堆叠多个芯片来提高集成度的技术，如图 6-33 所示。在 DRAM 和闪存这样的存储器中，堆叠多个存储器芯片来提高集成度。在系统 LSI 中，传统上，不同的器件，如逻辑和存储器，都建立在一个芯片上，称为 SoC（System on Chip，片上系统），但在 3D IC 中，逻辑和存储器芯片被堆叠起来形成一个系统 LSI。3D IC 的截面结构如图 6-34 所示。

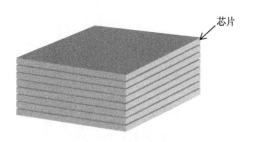

芯片

图 6-33　芯片堆叠的 3D IC

在 3D IC 中，在连接芯片和芯片时使用 TSV（Through Silicon Via，Si 通

孔）。因为该 TSV 深至 50 ~ 100μm，所以用于形成 TSV 的刻蚀被称为深 Si 刻蚀。在 TSV 的刻蚀中，一般使用被称为 Bosch 工艺的刻蚀方式。Bosch 工艺是一种侧壁保护工艺，其中聚合物沉积和 Si 刻蚀交替重复。如第 2 章 2.3.3 节所述的侧壁保护工艺中，聚合物的沉积和刻蚀同时进行，而在 Bosch 工艺中，聚合物的沉积和 Si 的刻蚀交替进行。工艺流程如图 6-35 所示。（1）首先，用 SF_6 将 Si 刻蚀到某一深度。（2）然后通过 C_4F_8 沉积聚合物，保护 Si 表面。（3）刻蚀去除底面的聚合物，接着刻蚀 Si。此时侧壁上残留有聚合物，可以防止自由基的攻击。下面重复此步骤，形成 TSV。聚合物沉积和刻蚀的时间一般在 1s 左右。在 Bosch 工艺中，在侧壁上产生称为 "Scallop" 的波状的褶皱。"Scallop" 这个名字来自于扇贝。在 TSV 刻蚀中，有必要尽可能地减少这种 "扇贝"。为此，缩短聚合物沉积和刻蚀的时间、减少 Si 刻蚀时的侧向刻蚀量的措施是有效的。图 6-36 显示的是通过 Bosch 工艺形成的孔径为 5μm、深度为 40μm 的 TSV 的截面 SEM 照片 [23]。"扇贝" 几乎是不可察觉的。

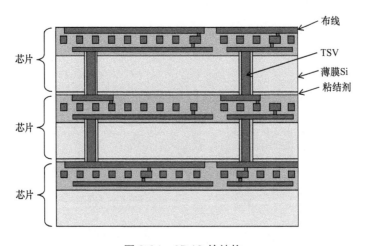

图 6-34　3D IC 的结构

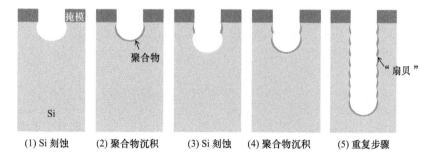

(1) Si 刻蚀　　(2) 聚合物沉积　　(3) Si 刻蚀　　(4) 聚合物沉积　　(5) 重复步骤

图 6-35　Bosch 工艺流程

图 6-36　Bosch 工艺形成的 TSV 刻蚀形貌[23]

参 考 文 献

[1] M. T. Bohr：Tech. Dig. Int. Electron Devices Meet., p.241（1995）.

[2] S. Uno, T. Yunogami, K. Tago, A. Maekawa, S. Machida, T. Tokunaga & K. Nojiri：Proc. Symp. Dry Process, p.215（1999）.

[3] S. Machida, A. Maekawa, T. Kumihashi, T. Furusawa, K. Tago, T. Ynogami, T. Tokunaga & K. Nojiri：Tech. Dig. Advanced Metallization Conf.：Asian Session, p.19（1999）.

[4] T. Furusawa & Y. Homma：Ext. Abstr. Int. Conf. Solid State Devices & Materials, p.145（1996）.

[5] H. W. Thompson, S. Vanhaelemeersch, K. Maex, A. V. Ammel, G. Beyer, B. Coenegrachts, I. Vervoort, J, Waeterloos, H. Struyf, R. Palmans & L. Forester：Proc. Int. Interconnect Technol. Conf., p.59（1999）.

[6] M. Fukasawa, T. Hasegawa, S. Hirano & S. Kadomura：Proc. Symp. Dry Process, p.175（1998）.

[7] M. Ikeda, H. Kudo, R. Shinohara, F. Shimpuku, M. Yamada & Y. Furumura：Proc. Int. Interconnect Technol. Conf., p.131（1998）.

[8] K. Mistry, et al.：Tech. Dig. Int. Electron Devices Meet., p.247（2007）.

[9] K. Choi, et al.：Tech. Dig. Symp. VLSI Technology, p.138（2009）.

[10] G. Kamarthy, I. Orain, Y. Kimura, A. Kabansky, A. Ozzello & L. Braly：Proc. Symp. Dry Process, p.47（2009）.

[11] 斧高一，高橋和生，江利口浩二：J. Plasma Fusion Res., 85, 185（2009）.

[12] K. Nojiri, G. Kamarthy & A. Ozzello：SEMI Technology Symposium（2009）.

[13] C. Auth, et al.：Tech. Dig. Symp. VLSI Technology, p.131（2012）.

[14] 川﨑博久：応用物理，第 79 巻，第 12 号，p.1103（2010）.

[15] G. Kamarthy, G. Lo, I. Orain, Y. Kimura, R. Deshpande, Y. Yamaguchi, C. Lee, & L. Braly：Proc. Symp. Dry Process, p.43（2009）.

[16] K. Yahashi, M. Ishikawa H. Oguma, M. Omura, S. Takahashi, M. Iwase, H Hayashi, I. Sakai, M. Hasegawa & T. Ohiwa：Proc. Symp. Dry Process, p.279（2008）.

[17] J. Hwang, et al：Tech. Dig. Int. Electron Devices Meet., p.199（2011）.

[18] K. Nojiri and E. Iguchi：J. Vac. Sic. & Technol. B 13, 1451（1995）.

[19] N. Negishi, M. Izawa, K. Yokogawa, Y. Momonoi, T. Yoshida, K. Nakaune, H. Kawahara, M. Kojima, K. Tsujimoto and S. Tachi：Proc. Symp. Dry Process, p.31（2000）.

[20] K. Nojiri：Advanced Metallization Conference Tutorial, p.92（2017）.

[21] R. Dejule：Semiconductor International, p.14, May（2009）.

[22] P. Marchal & M. V. Bavel：Semiconductor International, p.24, August（2009）.

[23] C. Rusu：55th Int. Symp. America Vacuum Society, PS2-FrM5（2008）.

第 7 章

原子层刻蚀（ALE）

随着器件的高度集成化，对干法刻蚀的要求也越来越严格。FinFET 已经在逻辑器件中实现，GAA（Gate All Around，全环栅）正在被视为下一代器件[1]。图案尺寸小于 10nm，也就是几十个原子的原子数。对尺寸飘移的容忍度是在几个原子的水平上，对原子级的加工精度要求越来越高[1]。在这种背景下，原子层刻蚀（Atomic Layer Etching，ALE）正在被积极研究[2-4]，并开始被用于制造一些 10nm 的逻辑器件。

控制原子级反应的 ALE 已经被研究了 30 多年。最早的报告可以追溯到 1988 年 Yoder 的一项专利[5]。研究在 20 世纪 90 年代达到了一个高峰，然后放缓，只是在 2014 年左右再次回升。本章对 ALE 从原理到应用进行了详细描述。

7.1 ALE 的原理

如第 2 章所述，干法刻蚀是通过自由基和离子的相互作用进行的。换句话说，通过高能离子对吸附在晶圆表面的自由基的照射，加速了反应，并进行了刻蚀。然而，晶圆表面的自由基吸附和离子辐照是同时发生的，不能独立控制，这使得实现原子级的加工精度极为困难。此外，由于离子和自由基同时并持续地作用于晶圆表面，晶圆表面会出现非晶化[6]。相比之下，ALE 能够独立控制自由基在晶圆表面的吸附和离子的照射，并有望突破传统干法刻蚀的限制，成为一项能够实现原子级加工精度的技术。

ALE 的基本概念是利用自限性反应（Self-limiting Reaction）的特性，在每个循环中重置反应。Si ALE 的工艺顺序如图 7-1 所示[2]。ALE 由两个连续的步骤组成，即改性步骤（Modification Step）和去除步骤（Removal Step）。在图 7-1 的例子中，改性步骤是 Cl 的化学吸附。接下来，用 Ar 离子照射 Cl 吸附层，使吸附的 Cl 和 Si 发生反应并刻蚀 Si。这是去除步骤。通过使用定向的 Ar 离子，各向异性的刻蚀成为可能。以上是 ALE 的 1 次循环，刻蚀是通过重复这个过程进行的。图 7-1 所示的 Cl 化学吸附是一个自限性反应，当表面上形成一个吸附层时，反应自动停止。去除步骤也是一个自限性反应。这是因为当所有吸附的 Cl 被消耗后，刻蚀就会停止。换句话说，ALE 基本上是一个自限性的刻蚀过程。

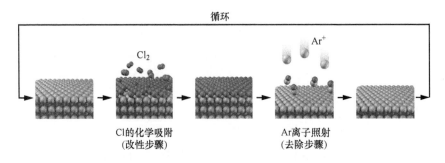

图 7-1 Si ALE 的工艺顺序[2]

7.2　ALE 的特性

7.2.1　Si、GaN 和 W 的 ALE 工艺顺序

图 7-2 显示了 Si、GaN 和 W（钨）ALE 的实际工艺顺序[4]。首先，将 Cl_2 引入反应腔。当施加电源功率时，产生 Cl_2 等离子体，Cl 自由基被供应到晶圆表面。这是改性步骤。接下来，对 Cl_2 进行吹扫，引入 Ar 气体。当施加电源功率时，产生 Ar 等离子体。通过施加偏置功率，Ar 离子被加速并击中晶圆表面。这是去除步骤。以上是 ALE 循环，刻蚀是通过重复这个循环进行的。

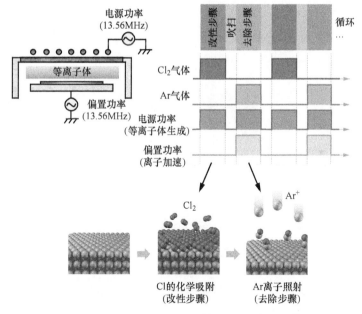

图 7-2　Si、GaN 和 W 的 ALE 工艺顺序[4]

7.2.2　自限性反应

图 7-3 显示了 W ALE 中改性和去除步骤的自限性[3]。纵轴 EPC（Etch Per Cycle）是一个周期内的刻蚀量。EPC 几乎为零，因为如果样品在改性步骤中只

暴露于 Cl 自由基，则不会发生刻蚀反应。在这个实验中，EPC 是在去除步骤对样品施加不同的 Cl₂ 等离子体处理时间后测量的。图 7-3a 间接显示了 Cl 自由基的化学吸附反应对 Cl₂ 等离子体处理时间的依赖性。如上所述，当化学吸附被用于改性步骤时，反应是自限的。如图 7-3a 所示，在 W ALE 中，改性步骤中的反应在大约 2s 内达到饱和，表明该反应是自限性的。在去除步骤中，当所有吸附的 Cl 被消耗后，反应停止，所以反应仍然是自限性的。如图 7-3b 所示，去除步骤中的反应也在 W ALE 中约 2s 内达到饱和，表明该反应是自限性的。这时的 EPC 是 0.21nm。

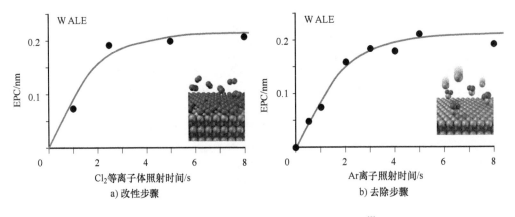

图 7-3　W ALE 中改性和去除步骤的自限性 [3]

7.2.3　去除步骤中 EPC 的离子能量依赖性

图 7-4 显示了在 GaN ALE 去除步骤中 EPC 对偏置电压的依赖性 [7]。改性步骤的持续时间为 2.5s，去除步骤的持续时间为 5s，偏置电压与离子能量相对应。从图中可以看出，有三个不同的过程区域。在区域 I（0 ~ 50V），EPC 随着偏置电压的增加而增加。这表明在这个区域的离子能量太低，改性层的去除

是不完全的。在区域Ⅱ（50 ~ 100V），无论偏置电压如何，EPC 是恒定的。这表明提供了适当的能量来形成挥发性的反应产物，ALE 的自限性反应特征正在发生。这表明，刻蚀的进行是由于挥发性反应产物的解吸，例如由 Ar 离子辐照形成的 $GaCl_3$ 和 N_2 从表面解吸。这个区域被称为 ALE 窗口，这个区域的 EPC 是由改性层的深度决定的。在区域Ⅲ（100V 以上），EPC 再次随偏置电压增加。这表明离子能量超过了物理溅射阈值，溅射刻蚀正在发生。100V 的阈值电压通过实验得到[8]，与来自分子动力学（Molecular Dynamics，MD）模拟的报告能量很一致[9]。

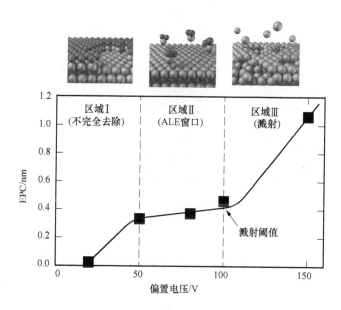

图 7-4　在 GaN ALE 去除步骤中 EPC 对偏置电压的依赖性[7]

7.2.4　表面平坦度

为了评估刻蚀后的表面状况，用 ALE 和普通干法刻蚀工艺对硅进行了刻蚀，用高分辨率透射电子显微镜和 AFM 观察到的结果如图 7-5 所示[10]，刻蚀量约为 50nm。在普通干法刻蚀的情况下，AFM 测量的表面粗糙度 R_{RMS} 为 2.3nm，而在 ALE 中则非常小，为 0.4nm。用 ALE 可以获得非常光滑的表面，这是因为 ALE 具有在自限性反应中逐层刻蚀的特点，这是相对传统干法刻蚀的主要优势。

最近，非常有趣的实验结果已经被报道。即存在所有材料的表面粗糙度在 ALE 之后都有改善的现象[11]。表 7-1 显示了 GaN、Ta 和 Ru 的数据。在 ALE 的 100 次循环后，表面粗糙度提高了 75%。ALE 的这种表面平滑效果是 ALE 的一个新优势，值得关注。由于表面粗糙度通常对器件性能有负面影响，ALE 的平滑效应有望成为制造 10nm 及以下器件的主要利器。

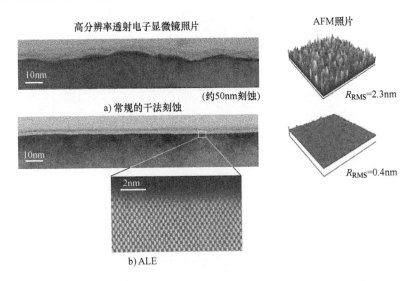

图 7-5　硅刻蚀后的高分辨率透射电子显微镜和 AFM 图像[10]

表 7-1　ALE 中的表面平坦化效果[11]

材料	ALE 循环次数	表面粗糙度（R_{RMS}）		R_{RMS} 改善率
		ALE 前	ALE 后	
GaN	60	0.8nm	0.6nm	25%
Ta	40	1.0nm	0.7nm	30%
Ru	100	0.8nm	0.2nm	75%

7.3 ALE 的协同效应

GaN ALE 中的协同效应测试结果如图 7-6 所示 [7]。协同效应是一种相乘的效果。实验是在 80V 的偏置电压下进行的。单独使用 Cl 化学吸附，EPC 为零，即根本没有刻蚀发生。在单独的 Ar 溅射中，EPC 是 0.05nm，这是非常小的。然而，当吸附的 Cl 被 Ar 离子照射时，得到了 0.37nm 的大 EPC。这是 Ar 离子和吸附的 Cl 之间的协同效应，表明各向异性的 ALE 是可能的。ALE 的协同效应定义如下 [3]。

$$\text{ALE协同效应} = \frac{\text{EPC} - (\alpha + \beta)}{\text{EPC}} \times 100\% \qquad (7.1)$$

式中，α 是通过改性步骤刻蚀的量；β 是单独通过离子辐照刻蚀的量。在 GaN ALE 的例子中，α=0nm，β=0.05nm。Si 和 GaN 的 ALE 协同效应约为 90%，W 的协同效应约为 95%[3]。

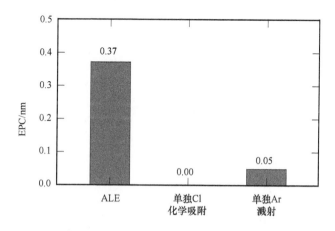

图 7-6 GaN ALE 中的协同效应测试结果 [7]

7.4 影响 EPC 和溅射阈值的参数

本节描述了影响 EPC 和溅射阈值的参数。图 7-7 总结了 Si、Ge、SiO₂、C、GaN 和 W 的溅射阈值及 Net EPC 与表面结合能的关系[3]。其中溅射阈值是 ALE 窗口的上限，如图 7-4 所示。Net EPC 指的是前述的 EPC $-(\alpha+\beta)$，表示从 EPC 中排除改性步骤的刻蚀和溅射刻蚀成分的净 EPC。图中显示，溅射阈值、Net EPC 都与表面结合能有很强的关联性。溅射阈值随着表面结合能的增加而增加（见图 7-7a）。换句话说，表面结合能高的材料不太可能被溅射到，阈值也会增加。这与溅射产量（溅射率）与表面结合能成反比的报告相一致[12]。因此，对于表面结合能较高的材料，ALE 窗口向高离子能延伸。另一方面，Net EPC 随着表面结合能的增加而减少（见图 7-7b）。这表明具有强表面结合能的材料有一个薄的改性层。这意味着具有强表面结合能的材料不太可能被改性。

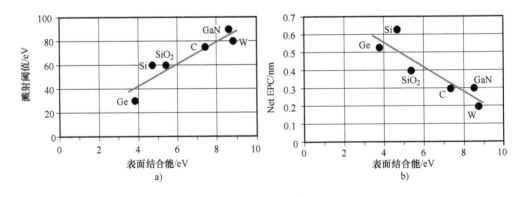

图 7-7 溅射阈值和 EPC 与表面结合能的关系[3]

7.5 SiO₂ ALE

最后，描述了 SiO₂ ALE 在 SAC 刻蚀中的应用。如第 3 章的 3.2.3 节所述，SAC（自对准接触）刻蚀是当栅极之间的接触孔闭合时，栅极覆盖有 Si₃N₄ 薄膜，作为刻蚀的停止层，因此即使发生错位，接触孔和栅极也不会短路（见图 3-20）。因此，可以扩大匹配窗口并减小芯片尺寸。SAC 刻蚀中重要的是最大化 SiO_2/SiN 选择比。然而，在传统的干法刻蚀中，当沉积厚聚合物以保护 SiN 侧墙时，会发生刻蚀停止（见图 7-8a）。另一方面，当聚合物被稀释以避免这种情况时，会发生拐角损伤（见图 7-8b）。这些都是权衡取舍，传统的干法刻蚀很难克服这些权衡取舍。而 ALE 允许独立控制改性步骤和去除步骤，允许设置更广泛的条件，并且可以避免这种局限。SiO_2 ALE 在 SAC 刻蚀中的应用将在下面描述。

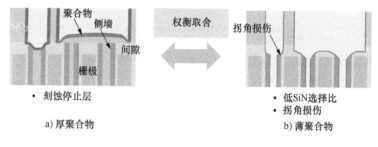

图 7-8　一般干法刻蚀中 SAC 刻蚀的问题 [1]

图 7-9 显示了 SiO_2 ALE 的工艺顺序 [3]。在 SiO_2 ALE 中，改性步骤使用碳氟化合物（FC）聚合物的沉积。将 C_xF_y 气体引入腔室后，会产生等离子体以在晶圆表面沉积 CF 聚合物。聚合物的沉积膜厚度随时间增加。因此，SiO_2 ALE 的改性步骤不是自限性反应。因此，SiO_2 ALE 有时被称为准 ALE，在本书中简称为 ALE。Ar 离子辐照用于去除步骤。通过照射 Ar 离子，沉积在表面上的聚合物与 SiO_2 反应，并进行刻蚀。当聚合物完成反应时，刻蚀就会停止。也就是说，去除步骤是一个自限性反应。图 7-10 显示了作为工艺时间函数的 SiO_2 刻蚀量和聚合物厚度 [13]。SiO_2 上的聚合物膜厚度随着改性步骤的进行而增加。当

进入去除步骤时，在沉积的聚合物和 SiO_2 之间的边界处形成混合层，SiO_2 的刻蚀开始。然后，当 SiO_2 上的所有聚合物都已经反应时，ALE 的一个循环结束。如果此后继续 Ar 照射，则会进行少量的 SiO_2 刻蚀，这是由于物理溅射造成的。在 SiO_2 的情况下，碳氟化合物聚合物被来自 SiO_2 的氧消耗。另一方面，由于 SiN 不含氧，它消耗聚合物的速度比 SiO_2 慢。结果，经过一个 ALE 循环后，SiO_2 表面没有聚合物残留，但 SiN 表面有一定量的聚合物残留，如图 7-10 中虚线所示。因此，如图 7-11 所示，SiO_2 的刻蚀随着 ALE 循环进行并扩展，但 SiN 的刻蚀在中间停止 [13]。结果，可以获得非常高的 SiO_2/SiN 选择性。图 7-12 显示了将 SiO_2 ALE 应用于实际 SAC 刻蚀的示例 [14]。在此示例中，C_4F_6/Ar/O_2 等离子体用于 FC 聚合物沉积（改性步骤），而 Ar 离子用于去除步骤。使用传统的干法刻蚀，拐角处的 SiN 损耗在 22.2nm 处非常大，但使用 ALE 时只有 6nm。这是因为每层薄膜上的 FC 聚合物薄膜厚度由 ALE 精确控制，SiN 在被 FC 聚合物保护的同时被刻蚀。通过这种方式，ALE 可以克服传统干法刻蚀中出现的权衡问题，并且可以在不导致刻蚀停止的情况下减少拐角损伤。具有 ALE 的 SAC 工艺已经应用于 10nm 逻辑器件的制造 [15]。

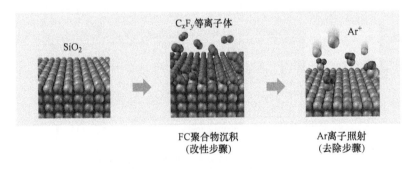

图 7-9　SiO_2 ALE 的工艺顺序 [3]

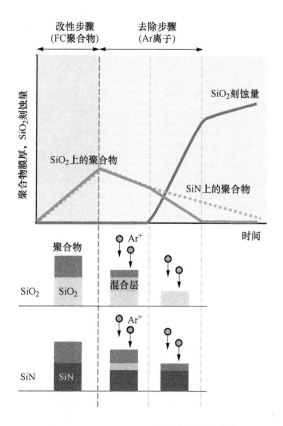

图 7-10　SiO₂、SiN 的 ALE 模型 [13]

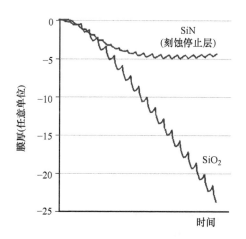

图 7-11　SiO₂、SiN 的刻蚀量随时间变化的关系 [13]

平坦位置的SiN选择比约为12　　平坦位置的SiN选择比约为50

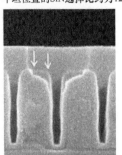 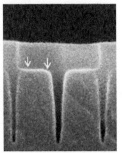

SiN损失　　　　　　　　SiN损失
11.9/22.2nm　　　　　　　3.0/6.0nm

a) 传统干法刻蚀　　　　　　　b) ALE

图 7-12　将 SiO$_2$ ALE 应用于实际 SAC 刻蚀的示例 [14]

7.6　总结

以上是基于具体实验数据对 ALE 从原理到应用的解释。ALE 是一种回归干法刻蚀原理的工艺，如本章所述，它具有许多突破传统干法刻蚀技术局限性的特征。ALE 才刚刚开始用于10nm 的一些逻辑器件中，其重要性在未来将增加。为了扩大未来的应用，设备制造商之间的密切合作，包括与设备特性相关的研究，是必要的。此外，希望大学积极参与阐明反应机理。由于 ALE 在重复改性步骤和去除步骤的同时进行刻蚀，因此产量不可避免地会降低。未来，开发专门用于 ALE 的高效设备也将是一个主要课题。

参 考 文 献

[1] K. Nojiri：Advanced Metallization Conf., Tutorial（2017）.

[2] K. J. Kanarik, T. Lill, E. A. Hudson, S. Sriraman, S. Tan, J. Marks, V. Vahedi, and R. A. Gottscho：J. Vac. Sci. Technol. A 33, 020802（2015）.

[3]　K. J. Kanarik, S. Tan, W. Yang, T. Kim, T. Lill, A. Kabansky, E. A. Hudson, T. Ohba, K. Nojiri, J. Yu, R. Wise, I. L. Berry, Y. Pan, J. Marks, and R. A. Gottscho：J. Vac. Sci. Technol. A 35, 05C302（2017）.

[4]　K. Nojiri：Ext. Abstr. Int. Conf. Solid State Devices and Materials, p.195（2018）.

[5]　M. N. Yoder：US patent 4,756,794（12 July, 1988）.

[6]　M. E. Barone and D. B. Graves：Plasma Sources Sci. Technol. 5, 187（1996）.

[7]　T. Ohba, W. Yang, S. Tan, K. J. Kanarik, and K. Nojiri：Jpn. J. Appl. Phys. 56, 06HB06（2017）.

[8]　S. J. Pearton, C. R. Abernathy, F. Ren, and J. R. Lothian：J. Appl. Phys. 76, 1210（1994）.

[9]　K. Harafuji and K. Kawamura：Jpn. J. Appl. Phys. 47, 1536（2008）.

[10]　K. J. Kanarik, S. Tan, J. Holland, A. Eppler, V. Vahedi, J. Marks, and R. A. Gottscho：Solid State Technol., p14, December（2013）.

[11]　K. J. Kanarik, S. Tan, and R. A. Gottscho：J. Phys. Chem. Lett. 9, 4814（2018）.

[12]　P. Sigmund：Phys. Rev. 184, 383（1969）.

[13]　G. Delgadino, D. Lambert, R. Bhowmick, A. Jensen, D. Le, M. Lim, V, Jaju, and S. Deshmukh：Abstr. Advanced Metallization Conf., p.16（2017）.

[14]　M. Honda, T. Katsunuma, M. Tabara, A. Tsuji, T. Oishi, T. Hisamatsu, S. Ogawa, and Y. Kihara：J. Phys. D 50, 234002（2017）.

[15]　Lam Research Corporation Press Release（September 6th, 2016）.

第 8 章

未来的挑战和展望

8.1 干法刻蚀技术革新

我于 1975 年进入半导体行业。在此之前的 3 年，我在大学和研究生院从事半导体研究，到现在为止，我已经从事半导体研究 48 年之久。在此期间，设备的精密化、高集成化和晶圆直径不断增大的发展令人刮目相看。我在 1975 年进入半导体行业时，当时双极分立晶体管还在大量生产，IC 方面，采用 5μm 工艺的 16KB DRAM 刚刚开始生产。而到 2020 年，5nm 节点的逻辑器件正式进入大规模量产。另外，当时的 Si 晶圆直径为 75mm，现在使用的是直径为 300mm 的晶圆。这真是天壤之别。

干法刻蚀技术与光刻技术是推动器件微型化的关键技术。我在 1975 年刚进入半导体行业时，刻蚀技术主要以湿法刻蚀为主，干法刻蚀技术只用于抗蚀剂灰化、去除晶圆背面膜、焊盘部分的绝缘膜刻蚀。然而，此时 ANELVA 的细川等人已经开始对 RIE 进行研究，并形成了可批量生产的 RIE 干法刻蚀设备。

RIE 技术获得了第 25 届大河内奖[1]。至此，干法刻蚀迈出了微加工技术的第一步。这是干法刻蚀技术的首次革新。

下一个技术革新是单晶圆干法刻蚀设备的开发和商业化。正如在第 4 章中详细介绍的那样，从批量到单晶圆的转变是必要的，以应对晶圆直径的增加，为此需要一种低压高密度等离子体形成技术。实现这一目标的是日立的铃木等人开发的 ECR 等离子体，我也参与了 ECR 等离子体的实用化。该技术获得了第 36 届大河内奖，还获得了大河内奖中的最高奖项——大河内纪念奖[2]。

由于在干法刻蚀工艺中使用等离子体，因此出现了功率上升损伤的问题，甚至一度有人认为等离子体无法用于今后的精细加工。但是，从 20 世纪 80 年代末到 90 年代初，以日本为中心，大力开展了对电荷积累损伤的研究，并揭示了这种损伤的全部程度[3]。以日立的我所在小组为首，东芝、富士通、松下各公司从损伤测量到建模都进行了研究。日本引领了研究，解决了很多问题，直到现在等离子体仍在使用。今后等离子体也将继续被使用。这也可以说是干法刻蚀技术的革新之一。

不仅是精密加工技术，半导体历史上也经历了各种技术革新，过去认为不可能应用于半导体制造的技术不断得到实用化，从而发展到今天的繁荣。我们坚信，今后在各种局面下，革命性技术将不断出现，半导体产业将持续发展。

8.2　今后的课题和展望

如第 6 章 6.6 节所述，EUV 光刻技术适合大规模量产。由于使用时间较晚，SADP 和 SAQP 等多重图形化技术得以实用化，带动了器件的微型化。EUV 光刻技术的生产效率还很低，但已经应用于 7nm 逻辑器件的部分工艺。今后随着 5nm、3nm 工艺的不断提高，应用工艺也会不断增加。然而，为了实现 EUV 分辨率极限以下，SADP 和 SAQP 仍然是必要的，因此，今后也将继续使用多模式技术。

一方面追求极致的精密化以提高集成度，另一方面将 LSI 三维化以提高集成度是大势所趋。今后 LSI 一定会向三维结构转移。一个例子是第 6 章 6.8 节所述的基于 TSV 的芯片堆叠技术。目前，芯片堆叠技术已在图像传感器上正式量产 [4]。另外，存储器和逻辑器件也开始部分应用。将这种技术应用于存储器的最大挑战是降低制造成本，以 TSV 刻蚀为例，需要提高刻蚀速率和产量。LSI 三维化的另一个趋势是器件结构本身的三维化。如第 6 章 6.7 节所述，闪存已从传统的平面型转变为 3D NAND，其中存储单元阵列是三维堆叠的。目前正式量产的 96 层 3D NAND 闪存的存储孔的宽高比超过 60。今后随着层数的增加，宽高比将进一步增加，因此对存储孔进行刻蚀所面临的挑战将越来越严峻。如第 6 章 6.7 节所述，在高宽高比存储孔的刻蚀中，提高离子能量和刻蚀过程中的温度控制十分重要。为了提高离子能量，使用低频高功率的 RF 电源已成为一种趋势，但关于 RF 功率，预计会越来越向高功率发展。另外，为了控制碳氟化合物的附着，还需要在刻蚀过程中精细调整温度。但是，如果宽高比继续变大，刻蚀工艺的负荷就会过大，因此必须在器件结构上下功夫，防止宽高比增大 [5]。

新存储器有 PCM（Phase Change Memory，相变存储器）、MRAM（Magnetoresistive Random Access Memory，磁阻式随机存取存储器）、ReRAM（Resistive Random Access Memory，阻变式随机存取存储器）等。虽然当初被认为是替代 DRAM 和闪存的新一代存储器，但由于难以进行精细加工，目前主要作为混合存储器（Embeded Memory，嵌入式存储器）使用 [6]。PCM 使用了由 Ge、Sb、Te 组成的 GST 等新材料。MRAM 方面使用磁性膜 NiFe、CoFeB 以及磁阻膜

MgO 等。另外，ReRAM 还使用各种金属氧化物。由于这些是很难得到挥发性反应产物的难刻蚀材料，用通常的干法刻蚀技术极难加工。特别是像 MRAM 这样的磁性材料，不得不依赖离子束刻蚀技术。目前实用化的混合存储器仅达到 22nm 节点的水平[6]，要实现更高的精密化和高集成化，必须开发新的干法刻蚀技术。另外，最近将这些新存储器用于神经计算的突触研究正在盛行[7]。从这一意义上来说，微型化是必要的，需要新的干法刻蚀技术。作为新方法，例如考虑 ALE 的应用。最近，六氟乙酰丙酮（Hexafluoroacetylacetone，hfac）等二酮，形成高挥发性金属配合物，刻蚀过渡金属的 ALE 技术已被报道[8]。刻蚀是各向同性的，如果应用该方法使各向同性 ALE 成为可能，将是重大突破。

　　ALE 虽然刚刚开始部分应用于 10nm 逻辑器件的制造，但其具有打破传统干法刻蚀技术界限的各种特点，今后适用范围将逐渐扩大。其中可独立控制改性步骤和去除步骤，获得平滑表面是其非常大的特点，因此有望应用于低损伤刻蚀、超高选择比刻蚀以及难刻蚀材料的加工、表面清洁等新领域。最近在改性步骤中使用了等离子体，正在研究使用热能进行去除步骤的热式 ALE[9]。这是各向同性 ALE，随着存储器和逻辑器件的三维化，需要超高选择比的各向同性刻蚀技术的工序越来越多，因此该技术有望应用于该领域。由于 ALE 是在反复进行改性步骤和去除步骤的同时进行刻蚀的，因此产量很低。今后开发专门用于 ALE 的高生产率设备也是一个主要问题。

　　在提高步长和生产效率方面，开发了如第 3 章所述的用于提高加工尺寸的晶圆面内均一性的各种调谐旋钮，以及用于降低晶圆间、批量间、堆场间特性偏差的自我诊断功能和堆场模块。进行了调试技术的开发。工业 4.0 的智能工厂中，需要智能工具来节省劳动力，例如设备可以自行诊断零件更换时间、自行维护等。对于智能工具的需求正在增加。最近，还出现了通过不打开机房而自动更换边沿的技术，显著减少了维护频率的装置[10]。今后将加快开发采用人工智能的机器学习和模拟的装置及过程控制技术，但必须开发新的监控技术和在模拟中采用物理模型等。

8.3　工程师的准备工作

半导体被称为"产业之米"已经很久了，对于高度信息化的社会来说，半导体越来越成为不可或缺的东西。半导体产业今后仍将持续增长，可以说半导体的未来是光明的。虽然在各个方面都已接近微型化的极限，但突破这一极限的三维结构也已投入实际应用。我坚信一定会出现打开视野和突破壁垒的革新性技术。ECR 今后的课题与展望在刻蚀技术的开发和载荷提升相关的研究中，我切身感受到了这一点。另外，我有批量生产工厂的经验，现场的问题没有解决不了的。

对干法刻蚀工艺的要求越来越严格，其工艺开发的难度也越来越高。依靠经验和直觉反复进行实验寻求条件的方法已经到了极限。需要一边考察等离子体的内容和反应机制，一边组装工艺。但是刻蚀的反应机制还没有全部弄清楚。正如第 2 章所述，在选择气体种类时，需要考虑离子的化学溅射率和原子间的结合能等，有一些可以作为线索的想法和基础数据。有必要回到基础知识，有必要经常回到原理原则的角度。

从事刻蚀技术的工程师还需要掌握外围技术，即其他工艺技术的知识。另外，还需要加深对设备结构和设备特性的认识。例如，要理解等离子损伤并采取对策，就需要掌握等离子和设备两方面的知识。

关键是要有勇于挑战新事物的开拓者精神。还要集中众人的见识，坚持不懈地去做。有了它，任何事情都能找到答案。新技术、新材料的开发和实用化需要时间。希望各位管理层和管理人员能够理解这一点，支持年轻的工程师。

微加工技术今后也会继续使用等离子。我在此搁笔，期待着各位年轻人的大展宏图。

参 考 文 献

[1] 田中利明，花沢国雄，鵜飼勝三，細川直吉：第 25 回大河内賞受賞研究業績概要（1979）.

[2] 鈴木敬三，川崎義直，掛樋豊，野尻一男，清水真二：第 36 回大河内賞受賞業績報告書（1990）.

[3] 半導体プロセスにおけるチャージング・ダメージ（リアライズ社，1996）.

[4] H. Tsugawa, et al：Tech. Dig. Int. Electron Devices Meet., p.56（2017）.

[5] M. Fujiwara, et al：Tech. Dig. Int. Electron Devices Meet., p.642（2019）.

[6] W. J. Gallagher, et al：Tech. Dig. Int. Electron Devices Meet., p.42（2019）.

[7] W. Kim, et al：Tech. Dig. Symp. VLSI Technology, p.T66（2019）.

[8] T. Ito, K. Karahashi, and S. Hamaguchi：6th International Workshop on ALE, ALE1-TuM1（2019）.

[9] K. Shinoda, N. Miyoshi, H. Kobayashi, M. Izawa, T. Saeki, K. Ishikawa, and M. Hori：J. Vac. Sci. Technol. A 37, 051002（2019）.

[10] Lam Research Corporation Press Release（April 24th, 2019）.